动力电池及电源管理系统

主　编　杨　诚

副主编　贾会星　李　旸

参编者（按姓氏笔画为序）

于　帅　杨　靖　吴文波

陈　昕　黄琴扬

北京交通大学出版社

·北京·

内 容 简 介

本书依据高职院校新能源汽车技术专业人才培养方案、“动力电池及维护”课程标准编写。各项目内容及重要知识点以任务为引导，激发学生自主学习积极性。“理论知识”部分力求简单，以讲清概念、强化应用为重点，注重实践性、启发性和科学性。“知识拓展”部分对与动力电池相关的知识、新技术进行介绍，以拓宽学生的知识面。每个项目后的单元测试编写了“课程思政讨论”内容，引导学生思考，以培养有理想、有担当、有本领的时代新人。

全书共分为7个项目，27个学习任务，主要内容包括：新能源汽车高压电基础知识、新能源汽车动力电池、新能源汽车动力电池电源管理系统、新能源汽车低压电源系统、新能源汽车充电系统、动力电池检测与试验、动力电池生产与制造。

本书图文并茂、通俗易懂，既可用作学校汽车专业及相关专业的教材，也可供汽车维修与检测技术人员使用和参考，还可以作为各类汽车维修培训班的培训教材。

图书在版编目（CIP）数据

动力电池及电源管理系统 / 杨诚主编. -- 北京 : 北京交通大学出版社, 2025. 8.
ISBN 978-7-5121-5475-9

Ⅰ. TM91

中国国家版本馆 CIP 数据核字第 2025X1R197 号

动力电池及电源管理系统
DONGLI DIANCHI JI DIANYUAN GUANLI XITONG

责任编辑：高振宇　　助理编辑：芦　炜
出版发行：北京交通大学出版社　　电话：010-51686414　　http://www.bjtup.com.cn
地　　址：北京市海淀区高梁桥斜街44号　　邮编：100044
印 刷 者：北京华宇信诺印刷有限公司
经　　销：全国新华书店
开　　本：185 mm×260 mm　　印张：11.5　　字数：295千字
版 印 次：2025年8月第1版　　2025年8月第1次印刷
定　　价：38.00元

本书如有质量问题，请向北京交通大学出版社质监组反映。对您的意见和批评，我们表示欢迎和感谢。
投诉电话：010-51686043，51686008；传真：010-62225406；E-mail：press@bjtu.edu.cn。

前　言

党的二十大报告指出“培养造就大批德才兼备的高素质人才，是国家和民族长远发展大计”，并首次将高技能人才纳入国家战略人才范畴。新能源汽车是全球汽车产业转型升级、绿色发展的主要方向，也是我国汽车产业高质量发展的战略选择。在此背景下，滁州职业技术学院组织教师与相关企业技术人员共同编写了《动力电池及电源管理系统》。

教材编写之初，编写团队对新能源汽车企业开展了广泛的调研，结合滁州本地动力电池企业的需求对教材内容进行整合，使教材内容能够更好地服务地方经济。教材内容秉持“宽基础、适度、够用”的原则，在编写体系中以动力电池的基础理论为根本，在此基础上介绍动力电池检测、制造等相关知识，以满足毕业生从事整车制造、售后维修、零部件制造等岗位工作的需要。在教材编写过程中，坚持内容与爱岗敬业、立德树人、工匠精神的培养相融合，体现职业教育特色。

本书主要适用于高职高专新能源汽车技术、汽车检测与维修技术、汽车制造与试验技术等专业的教学，参考学时为 60～80 学时，也可作为其他相关专业的教材或者参考书，还可供从事汽车维修的工程技术人员参考。

本教材（或本书）为安徽省高校理工科教师赴企业挂职实践计划入选项目（项目编号：2024jsqygz189）和安徽省教育厅学科（专业）带头人培育项目（项目编号：DTR2024079）成果。

本书由杨诚主编，贾会星、李旸任副主编，于帅、杨靖参编。滁州力神新能源科技有限公司陈昕、滁州市发展和改革委员会黄琴扬、科大国创新能科技有限公司吴文波参与了编写，并对书中实践部分内容进行了指导。

本书为滁州职业技术学院 2023 年度校级精品课程配套教材。

在本书的编写过程中，参阅了一些国内外出版的同类书籍及网络资源，在此特向有关作者表示衷心感谢！

由于编者水平有限，书中错误、疏漏之处在所难免，敬请使用本书的师生和广大读者批评指正。

编　者
2024 年 8 月

目　录

项目一

新能源汽车高压电基础知识

任务一　高压电与安全

知识目标

1. 理解高电压对人体造成伤害的原因。
2. 理解人体触电的基本形式。

素养目标

培养良好的科学素养。

任务导入

一辆纯电动汽车发生无法上电的故障，需要检修。在检修之前我们需要做好哪些准备工作？新能源汽车的高电压对人体会产生哪些伤害？

理论知识

一、交流电与直流电

大小和方向随时间周期性变化的电流称作交变电流，简称交流电。在交流电作用下的电路称为交流电路。目前，工业生产和日常生活中使用的电能都来自交流电网，它们都属于交流电。

大小和方向随时间按正弦规律变化的电流称作正弦交变电流，简称正弦交流电。正弦交流电的电压 U 随时间 t 变化的图像如图 1-1 所示。

方向不随时间变化的电流称作直流电流，简称直流电。

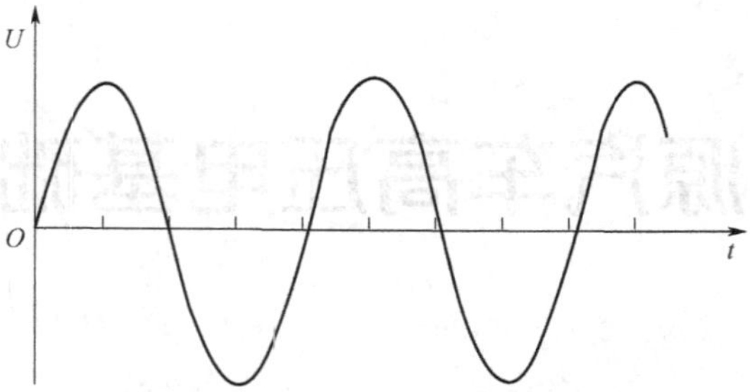

图 1–1　正弦交流电的电压随时间的变化

在新能源汽车中既存在直流电也存在交流电。高压系统中的动力电池采用的是直流电，空调压缩机、驱动电机控制器采用的是交流电，而在低压系统中采用的都是直流电。低压系统普遍使用的是 12 V 电源，除此外有使用 48 V 电源的，如：特斯拉 Cybertruck。

二、人体安全电压

电击对人体的危害程度，主要取决于通过人体电流的大小和通电时间的长短。电流强度越大，致命危险越大；持续时间越长，死亡的可能性越大。行业规定安全电压为不高于 36 V，持续接触安全电压为 24 V，安全电流为 10 mA。

能引起人感觉到的最小电流称为感知电流，交流电为 1 mA，直流电为 5 mA；人触电后能自己摆脱的最大电流称为摆脱电流，交流电为 10 mA，直流电为 50 mA；在较短时间内危及生命的电流称为致命电流，为 50 mA；在有防止触电保护装置的情况下，人体允许通过的电流一般为 30 mA。

通过人体的电流等于加在人体上的电压与人体电阻的比值。在大部分情况下，每个人的电阻都是差不多的，所以就大致推算出了电压不高于 36 V 的情况下电流都是安全的。但是每个人的情况不同，环境也不同，电阻也就不可能是完全不变的。即使是小电流，长时间接触也是会造成伤害的。

三、人体触电形式

人体触电的形式有三种。

1. 直接触电

人体直接接触或过分接近带电体，电流通过人体，引起电击伤害。直接触电形式如图 1–2 所示。

2. 间接触电

电气设备因绝缘损坏而产生接地短路故障，导致其金属外壳带有电压，当人体接触到这个意外带电的金属外壳时，电流通过人体，引起电击伤害。间接触电形式如图 1–3 所示。

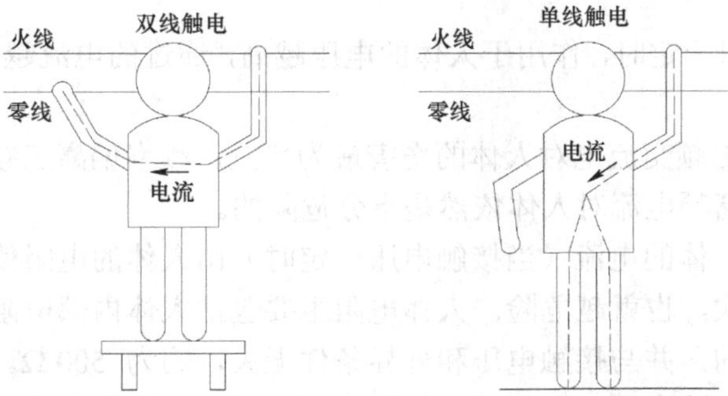

图 1-2　直接触电

图 1-3　间接触电

3. 范围触电

范围触电也称为跨步触电。人在接地故障附近行走时，由于双脚分别站在不同电位的地面上，于是两脚之间产生电位差，导致电流通过人体，引起电击伤害。范围触电形式如图 1-4 所示。

图 1-4　范围触电

四、高电压对人体的伤害形式

当电流流经人体时，会产生不同程度的刺痛和麻木，并伴随不自觉的肌肉收缩。肌肉收缩时，胸肌、膈肌和声门肌的强烈收缩会阻碍呼吸，而使触电者死亡。电流通过中枢神经系统的呼吸控制中心可使呼吸停止。电流通过心脏造成心脏功能紊乱，严重时会使触电者因心脏停止跳动而死亡。在人受到高电压伤害时，过高的电压通过人体这个电阻后，会在人体中形成电流，从而导致人体受到伤害。因此必须注意的是，伤害人体的不是电压，而是电流。

1. 高电压对人体伤害的影响因素

（1）电流强度：通过人体的电流越大，人体的生理反应越明显，感觉越强烈，从而引起心室颤动所需的时间越短，致命的危险就越大。

（2）电流通过人体的持续时间：电流通过人体的时间越长，对人体组织的破坏越厉害，后果越严重。

（3）作用于人体的电压：当人体电阻一定时，作用于人体的电压越高，通过的电流越大，对人体的危害越严重。

（4）电源频率：常用的 50～60 Hz 工频交流电对人体的伤害最为严重，频率偏离工频越远，交流电对人体的伤害越轻，但高压高频电流对人体依然是十分危险的。

（5）人体电阻：人体触电时，流过人体的电流（当接触电压一定时）由人体的电阻值决定。人体电阻越小，流过人体的电流越大，也就越危险。人体电阻主要包括人体内部电阻和皮肤电阻，而人体内部电阻是固定不变的，并与接触电压和外界条件无关，约为 500 Ω。皮肤电阻一般指手和脚的表面电阻，它随皮肤表面干湿程度及接触电压而变化。影响人体电阻的因素很多，除皮肤厚薄的影响外，皮肤潮湿、多汗、有损伤或带有导电性粉尘等，都会降低人体电阻；接触面积加大、接触压力增加也会降低人体电阻。

（6）电流通过人体的途径：电流通过人体的头部会使人立即昏迷；电流通过脊髓可能导致肢体瘫痪；电流通过中枢神经或有关部位会引起中枢神经系统强烈失调而导致死亡；电流通过心脏会引起心室颤动，致使心脏停止跳动，造成死亡。实践证明，从左手到脚是最危险的电流途径，因为在这种情况下，心脏直接处在电路内；从右手到脚的电流途径危险性较小，但一般也易引起剧烈痉挛而摔倒。

（7）人体健康状况：女性对于电流较男性敏感，女性的感知电流和摆脱电流约为男性的三分之二；儿童对于电流较成人敏感；体重小的人对于电流较体重大的人敏感；患有心脏病等遭受电击时的危险性较大。

2. 高电压对人体的伤害形式

1）电击效应

电流低于导通限值时，会有相应的电击反应，易因肢体不受控制和失去平衡而导致受伤。

2）热效应

电流导入导出点处会发生烧伤和焦化，也会发生内部烧伤，甚至造成致命的伤害。高电压在放电过程中还会产生亮度极高的电火花，可能导致火灾，也可能对人的眼睛造成伤害。

3）化学效应

血液和细胞液成为电解质并被电解，可能发生严重的中毒。中毒情况往往在几天后才能被发现，因此伤害极大。

4）肌肉刺激效应

所有的身体功能和人体肌肉运动都是由大脑通过神经系统来控制的。如果通过人体的电流过高，可能导致肌肉抽搐，大脑无法控制肌肉组织。如握紧的拳头再也无法打开或者移动。如果电流经过胸腔，肺会产生痉挛（呼吸停止），心脏的跳动节奏会被中断（心室纤维性颤动，无法进行心脏的收缩扩张运动）。

知识拓展

自动体外除颤器（AED）的使用

自动体外除颤器（AED）（外观如图 1–5 所示）又称自动体外电击器、自动电击器、自动除颤器、心脏除颤器及傻瓜电击器等，是一种便携式的医疗设备，它可以诊断特定的心律失常，并且给予电击除颤，是可被非专业人员使用的用于抢救心搏骤停患者的医疗设备。在心搏骤停时，只有在最佳抢救时间的“黄金 4 分钟”内，利用自动体外除颤器对患者进行除颤和心肺复苏，才是最有效防止猝死的办法。

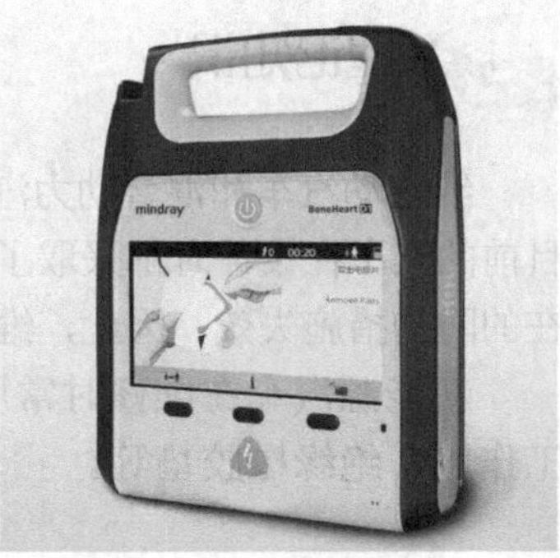

图 1–5　自动体外除颤器（AED）

自动体外除颤器的使用方法：

（1）开启 AED，打开 AED 的盖子，依据视觉和声音的提示操作（有些型号需要先按下电源）。

（2）按照指示，在患者胸部适当的位置上，紧密地贴上电极垫。通常两块电极板分别贴在右胸上部和左胸左乳头外侧，具体位置可以参考 AED 机壳上的图样和电极板上的图片说明。

（3）将电极板插头插入 AED 主机插孔。

（4）开始分析心律，在必要时除颤，按下“分析”键（有些型号在插入电极板后会发出语音提示，并自动开始分析心律，在此过程中请不要接触患者，即使是轻微的触动都有可能影响 AED 的分析），AED 开始分析心律。分析完毕后，AED 将会发出是否进行除颤的建议，当有除颤指征时，不要与患者接触，同时告诉附近的其他人远离患者，由操作者按下“放电”键除颤。

（5）一次除颤后未恢复有效灌注心律，进行 5 个周期心肺复苏术（CPR）。除颤结束后，AED 会再次分析心律，如未恢复有效灌注心律，操作者应进行 5 个周期 CPR，然后再次分析心律，除颤，CPR，反复至急救人员到来。

任务二　高压安全防护装备

知识目标

1. 了解高压安全防护装备的类型及作用。
2. 掌握高压安全防护装备的检查和正确使用方法。

素养目标

1. 正确使用高压安全防护装备，牢固树立安全意识。
2. 培养严谨细致的工作作风。

任务导入

某型号纯电动汽车发生故障，需要对其高压电系统进行维修。因在维修过程中需要接触高压电系统，故需要做好个人安全防护，你知道该如何防护吗？

理论知识

纯电动汽车和混合动力汽车都具有高压电，目前动力电池包的电压几乎都大于 600 V。虽然目前的汽车在设计时都采取了触电防护的措施，但是由于动力电池始终存在高电压，以及可能存在的防护措施失效，因此，维修人员必须做好安全防护，以防发生触电事故。

新能源汽车在维修时常用的高压安全防护装备有绝缘手套、护目镜、绝缘鞋、非化纤类工作服、绝缘橡胶垫等。

一、绝缘手套

绝缘手套（如图 1-6 所示）由橡胶制成，在进行高压系统操作过程中能够有效实现高压电与手之间的绝缘，通常耐压等级在 1 000 V 以上。除此外，绝缘手套还能够在一定程度上抵抗酸碱腐蚀，因此在接触动力电池的电解质时也能对维修人员的双手提供保护作用。

绝缘手套在使用前要做好以下检查：

（1）绝缘手套是橡胶制品，在自然条件下会产生老化现象。根据《中华人民共和国产品质量法》的规定，绝缘手套的保质期一般为 18 个月，佩戴过期的绝缘手套有可能因为其老化、磨损等而增加电击风险。

（2）绝缘手套在使用前需要检查其密封性。具体方法是：将绝缘手套内灌入一定的空气后将手套口密封，检查有无漏气。

二、护目镜

护目镜（如图 1-7 所示）的作用是在维修过程中防止飞溅的电火花以及酸碱溶液对眼睛造成伤害。所选用的护目镜不仅要能够对正面进行防护，对侧面也应该具有防护能力。

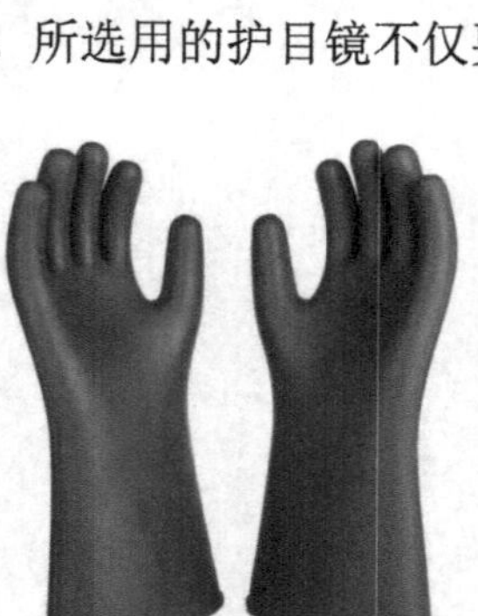

图 1-6　绝缘手套

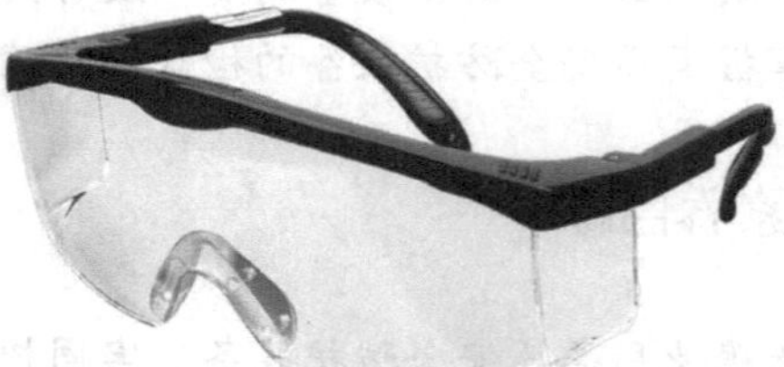

图 1-7　护目镜

三、绝缘鞋

穿着绝缘鞋（如图 1–8 所示）能够实现人体与地面之间的绝缘，防止电流通过人体与地面形成回路，从而对人体造成电击伤害。绝缘手套与绝缘鞋的配合使用能够最大限度地降低人体所受到的电击。

图 1–8　绝缘鞋

绝缘鞋在使用前应做好检测。

1. 外观检查

在检测绝缘鞋时，首先要进行外观检查。观察鞋子的外观是否有破损、老化、变形等现象。鞋面应平整无缝，鞋底应平整且厚度均匀。绝缘鞋的颜色应鲜艳且无褪色现象。此外，还应查看鞋子的生产日期、型号、规格等信息，确保鞋子是在有效期内。

2. 测试绝缘性能

测试绝缘鞋的绝缘性能是检测的重要环节。测试时，应将绝缘鞋置于规定的试验电压下，并测量其泄漏电流。测试过程中，泄漏电流应小于规定的标准值。一般而言，绝缘鞋的试验电压分为 5 kV、10 kV、20 kV 和 30 kV 几个等级。

四、非化纤类工作服

非化纤类工作服是指不含化学纤维的工作服，具有较好的抗静电效果，且燃烧后不会黏附在皮肤上。在新能源汽车维修中将非化纤类工作服作为首选。

五、绝缘橡胶垫

绝缘橡胶垫（如图 1–9 所示）主要采用 NR、SBR 和 IIR 等非极性橡胶制造，具有优异的绝缘性能，在新能源汽车维修中铺设于地面，将人体与地面有效隔绝，防止人体与地面形成电流回路，极大地提高了工作的安全性。

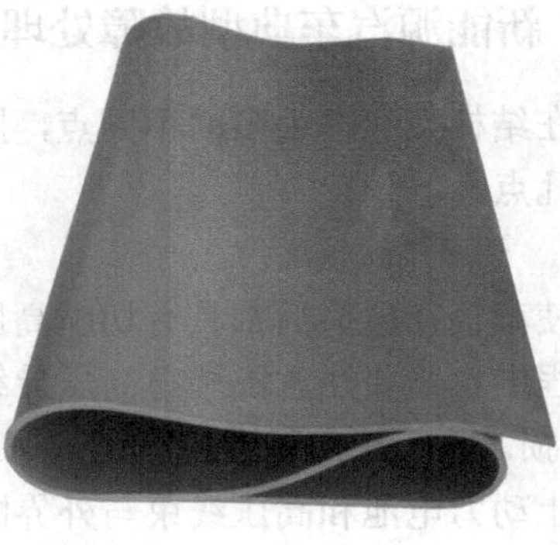

图 1–9　绝缘橡胶垫

六、灭火器

灭火器的种类很多，按其移动方式可分为手提式和推车式；按驱动气体的贮存压力形式可分为贮气瓶式、贮压式；按所充装的灭火剂可分为干粉、水基型、二氧化碳、清洁气体。

常用灭火器的类型和适用范围如表 1–1 所示。

表 1–1　常用灭火器类型和适用范围

类型	适用范围
干粉灭火器	碳酸氢钠干粉灭火器适用于易燃、可燃液体和气体及带电设备的初起火灾；磷酸铵盐干粉灭火器除可用于上述几类火灾外，还可扑救固体类物质的初起火灾。但都不能扑救金属燃烧火灾
泡沫灭火器	适用于扑救一般 B 类火灾，如油制品、油脂等火灾，也可适用于 A 类火灾，但不能扑救 B 类火灾中的水溶性可燃、易燃液体的火灾，如醇、酯、醚、酮等物质火灾；也不能扑救带电设备及 C 类和 D 类火灾
二氧化碳灭火器	适用于扑救 600 V 以下的带电设备、贵重设备、图书资料、仪表仪器等场所的初起火灾，以及一般可燃液体的火灾
1211 灭火器	适用于扑救易燃、可燃液体和气体、金属及带电设备的初起火灾

新能源汽车在遭遇火灾时，应优先使用干粉灭火器进行初步应对。若观察到电池有冒烟或起火的迹象，务必在确保人员安全的前提下拨打火警电话 119，并立即使用大量水对起火及破损部位进行喷淋。由于电池燃烧属于无氧燃烧，通过大量水进行降温才能有效阻燃，常规的干粉或泡沫灭火器往往难以有效阻止电池燃烧。

知识拓展

新能源汽车典型故障处理

新能源汽车与传统燃油车在结构上存在很多的不同点，因此出现故障后处理的方式也有所不同。主要注意事项有以下几点。

一、事故救援

电动汽车具有高压电，即使车辆在碰撞后都具有切断高压电的保护功能，但是在发生碰撞后需要进行救援，在救援过程中也需要注意不要将高压导线（高压导线通常为橙色线，如图 1–10 所示）弄断或导致其破损。尤其是在事故后车辆未切断高压电时，严禁破拆动力电池保护罩或车辆的其他结构，防止动力电池和高压线束与外界隔绝失效，造成人员触电。雨天应对破拆部位进行遮挡。

图 1–10　新能源汽车高压导线

二、车辆火灾

电动汽车因具有高压电，在出现火灾时一定要使用干粉灭火器灭火。目前的动力电池普遍使用锂电池，其具有燃烧速度快、温度高、扑灭困难的特点，甚至在燃烧时可能会发生爆炸，当非专业人员发现车辆着火无法控制时，应立刻远离火灾现场，保护生命安全。

三、牵引救援

在电动汽车发生故障后进行牵引拖行时，通常情况下拖行的车速不允许超过 15 km/h，拖行距离不得大于 25 km。如果长距离牵引，由于电动汽车采用电机驱动，驱动电机将作为发电机进行发电，有可能导致电机或电机控制系统受损。因此，长距离牵引时采用表 1–2 中建议的方式进行拖曳。

表 1–2　电动汽车正确牵引拖曳方式

拖曳方式	前置前驱	前置后驱	四轮驱动
前轮离地拖曳（如图 1–11 所示）	√		
后轮离地拖曳（如图 1–12 所示）		√	
四轮离地拖曳（如图 1–13 所示）	√	√	√
平板拖车（如图 1–14 所示）	√	√	√

注：“ √ ”表示建议拖曳方式。

图 1–11　前轮离地拖曳

图 1–12　后轮离地拖曳

图 1–13　四轮离地拖曳

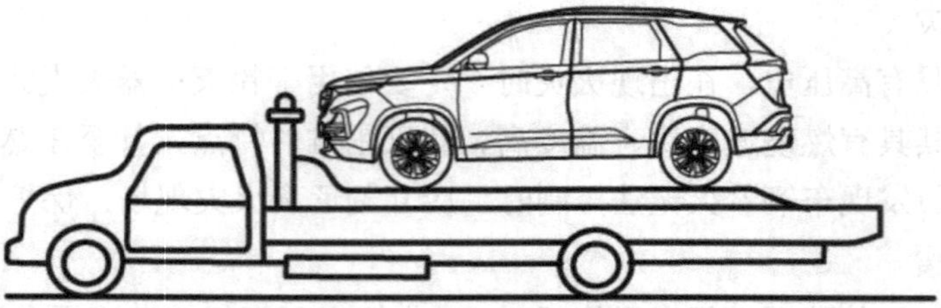

图 1–14　平板拖车

四、电池电解质泄漏

新能源汽车在发生碰撞事故以及车辆底部剐蹭时都可能造成动力电池包的外壳损坏，进而导致动力电池包溢出电解质，应及早穿戴好合适的防护装置，避免和皮肤、眼睛等有直接接触的情况发生，以免造成化学灼伤。如果电解质漏液较少，可以使用干燥的抹布或吸水纸将漏液吸干，并等待电池冷却至室温以下再进行处理。如果漏液较多，应使用砂土或吸水剂等材料将漏液吸收，避免漏液扩散。为防止环境污染，需要将电解质及处理物统一进行环保处理。

任务三　新能源汽车高压电系统架构

知识目标

1. 了解新能源汽车高压电系统的组成。
2. 掌握典型高压电系统部件的结构和功用。

素养目标

1. 了解控制系统。
2. 学习高压电系统架构，培养严谨细致的工作作风。

任务导入

新能源汽车中，不仅其驱动系统、空调系统、暖风系统的能源来源于高压电系统，其低压系统的供电也是来源于高压电系统。如果一辆纯电动汽车的低压蓄电池电量不足，你能全面地分析故障产生的原因吗？

理论知识

一、高压电系统架构

高压电系统是指在新能源汽车中用于连接动力电池母线或者由动力电池电源驱动的高压零部件系统。纯电动汽车中的高压部件包括（但不限于）高压配电盒、驱动电机控制器、驱动电机、暖风 PTC、DC/DC 变换器、高压电缆、高压接触器等。高压电系统分为分体式的高压电系统和集成式的高压电系统，目前大部分纯电动汽车采用集成式高压电系统，如：比亚迪的“四合一”“七合一”系统等。

纯电动汽车高压电系统框图如图 1–15 所示。

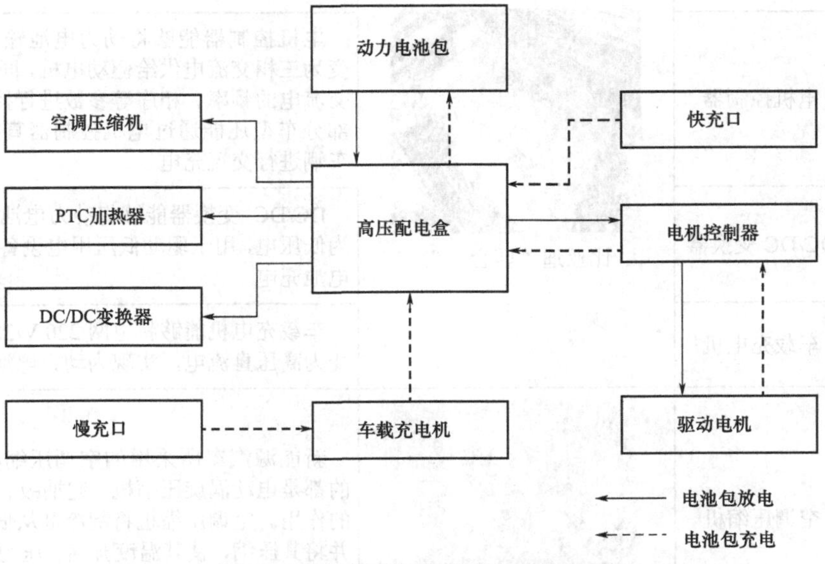

图 1–15　纯电动汽车高压电系统框图

纯电动汽车的所有能源储存于动力电池中。动力电池的能量通过三种途径获得：① 通过快充口，经过高压配电盒向动力电池进行充电；② 通过慢充口与电网连接，由车载充电机将电网的交流电转换为直流电，并经过变压，将电能储存于动力电池；③ 当车辆滑行或制动时，如果满足一定条件，车辆可以进入滑行能量回收模式，此时，驱动电机作为发电机运行。将车辆的动能转换为电能，再经过电机控制器进行变换、升压向动力电池充电。

高压配电盒是与动力电池直接连接的，内部通常包含若干个接线桩、保险丝、高压接触器等部件，能够将动力电池的电能传输到不同的高压用电设备上，其本质是一个电力分配装置。

二、新能源汽车主要高压电系统零部件

新能源汽车高压电系统零部件的功用如表 1–3 所示。

表 1–3　新能源汽车高压电系统零部件功用

<table>
<tr><th>序号</th><th>名称</th><th>典型外观图</th><th>功用</th></tr>
<tr><td>1</td><td>动力电池包</td><td></td><td>动力电池是用于储存新能源汽车电能的装置，是新能源汽车的核心部件之一。常用的动力电池类型有磷酸铁锂电池、三元锂电池等</td></tr>
<tr><td>2</td><td>高压配电盒</td><td rowspan="4">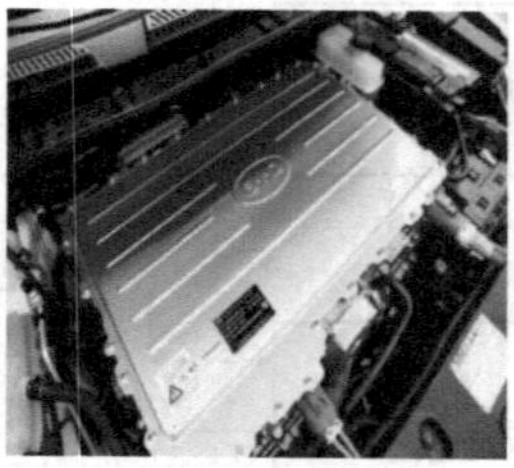
（比亚迪“四合一”）</td><td>高压配电盒用于将动力电池输出的电能分配至各高压零部件。内部包含接线柱、高压接触器等</td></tr>
<tr><td>3</td><td>电机控制器</td><td>电机控制器能够将动力电池输入的直流电转变为三相交流电供给驱动电机，同时还能对输出交流电的频率、相序等参数进行控制。除此外，部分车型还能通过电机控制器直接从充电网对车辆进行交流充电</td></tr>
<tr><td>4</td><td>DC/DC 变换器</td><td>DC/DC 变换器能够将动力电池的高压电转变为低压电，用于驱动低压用电设备以及为低压蓄电池充电</td></tr>
<tr><td>5</td><td>车载充电机</td><td>车载充电机能够将电网 220 V/380 V 交流电转变为高压直流电，实现为动力电池充电</td></tr>
<tr><td>6</td><td>空调压缩机</td><td>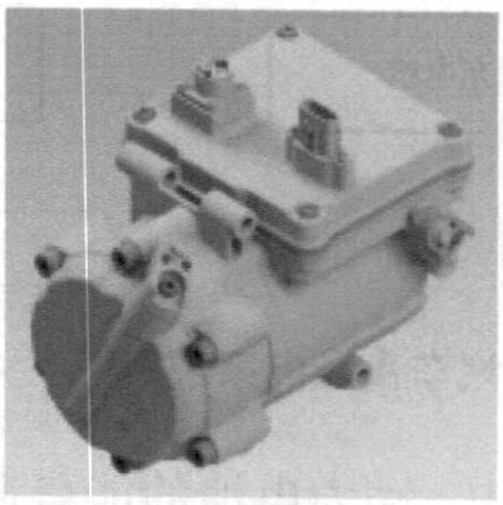</td><td>新能源汽车所采用的空调压缩机大部分使用的都是电动涡旋压缩机，起抽吸、压缩、循环泵的作用。空调压缩机将制冷剂从低压侧吸过来，并将其压缩，使其温度升高、压力升高，再泵入高压侧，并往复循环</td></tr>
<tr><td>7</td><td>PTC 加热器</td><td>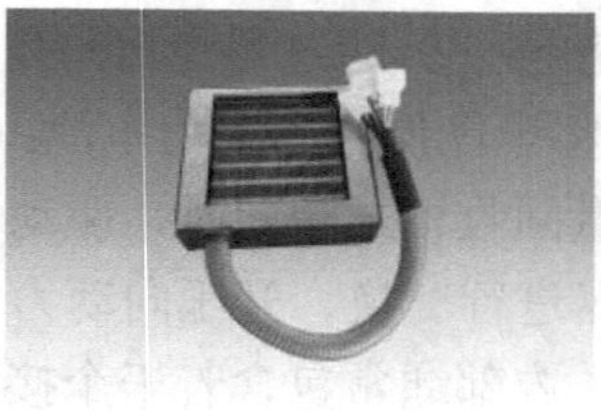</td><td>PTC 加热器是一种正温度系数的热敏电阻，在通电后能产生热量，主要用于暖风制热、电池包加热等</td></tr>
</table>

续表

序号	名称	典型外观图	功用
8	驱动电机		驱动电机将电能转换为机械能输出，用于驱动车辆。在车辆减速、滑行等工况下可以转变为发电机进行能量回收。常用的驱动电机有永磁同步电机、交流异步感应电机等
9	快充口		用于直流充电桩的快速充电
10	慢充口		用于 220 V/380 V 的交流充电
11	高压电缆		在新能源汽车中用于高压零部件间的电力传输。高压电缆通常为橘红色

知识拓展

集成式高压电控系统

目前，新能源汽车控制系统都趋向于集成化。系统的集成化有利于减轻系统质量，缩小系统尺寸，有效提升电驱动系统的功率密度；采用系统化设计后对功能完善开发及软件升级更加简单；零部件的数量减少后，系统整体耐用度大大提高，系统 NVH 值也能够得到有效控制，降低制造成本，也更有利于企业进行组装生产。但也存在系统更加复杂、单点故障风险增加、系统兼容性及系统安全性等问题。虽然存在一些问题，但是控制系统的集成化仍然是新能源汽车的发展方向。下面以比亚迪高压电控总成“四合一”为例进行介绍。如图 1-16 所示。

比亚迪高压电控总成“四合一”包含以下四个组成部分。

1. VOTG ECU（双向逆变电机控制单元）

该控制器为电压型逆变器，利用 IGBT 将直流电转换成交流电，主要功能是通过收集档位信号、油门踏板信号、刹车踏板信号等来控制驱动电机。据不同工况控制电机的正反转、功率、扭矩、转速等，即控制电机的前进、倒退，维持电动车的正常运转。

图 1-16　比亚迪“四合一”电控系统

2. 车载充电机（OBC）

车载充电机是指固定安装在电动汽车上的充电机，具有为电动汽车动力电池安全、自动充满电的能力。充电机依据电池管理系统（BMS）提供的数据，能动态调节充电电流或电压参数，执行相应的动作，完成充电过程。

3. 高压配电箱（PDU）

高压配电箱总成的功能主要是通过对接触器的控制来实现将动力电池的高压直流电供给整车高压电器，以及接收车载充电器或非车载充电器的直流电来给动力电池充电，同时含有其他的辅助检测功能，如电流检测、漏电监测等。

4. DC/DC 变换器

DC/DC 变换器，作为电动汽车动力系统中很重要的一部分，它的一类重要功用是为动力转向系统、空调以及其他辅助设备提供所需的电力；另一类功用是与复合电源系统中的超级电容器串联，起到调节电源输出、稳定母线电压的作用。

任务四　绝缘工具与常用检测仪器

知识目标

1. 了解常用的绝缘工具。
2. 掌握检测仪器的作用与使用方法。

素养目标

1. 正确选用仪器设备，培养严谨细致的工作作风。
2. 牢固树立安全意识。

任务导入

一辆新能源汽车出现低压蓄电池电量不足问题。为排除故障，需要使用合适的仪器、仪表进行检测，经检查后发现是 DC/DC 变换器故障，需要进行更换。在诊断和维修过程中需要选择合适的工具、仪表，你会正确选择吗？

理论知识

一、绝缘工具

新能源汽车带有高电压，在维修工作中所使用的工具不同于普通工具，需要使用绝缘工具（如图 1–17 所示）进行维修操作。

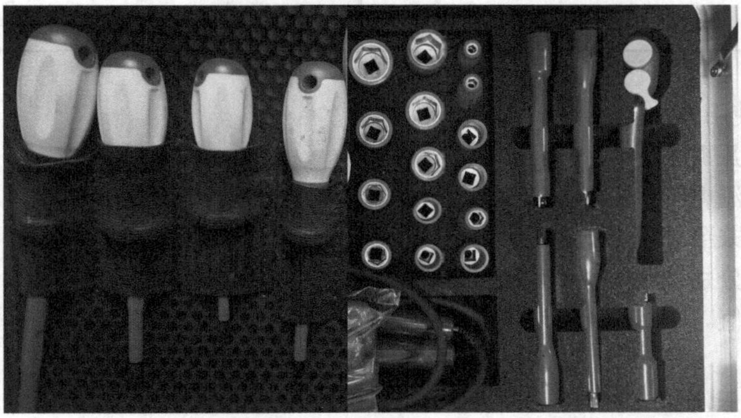

图 1–17 绝缘工具套装

绝缘工具通常是在普通维修工具的基础上涂覆了绝缘材料，仅在其工作部位有金属裸露。新能源汽车维修所使用的绝缘工具的耐压等级一般大于 1 000 V。绝缘工具在使用前应进行外观检查，确认无裂纹、老化、绝缘层脱落、严重伤痕等现象，并且固定连接部分无松动、锈蚀、断裂等。同时，还需检查其标识是否清晰完整，检查耐压等级是否符合作业要求，检查绝缘部分有无暴露。

二、常用检测仪器

1. 万用表

万用表（如图 1–18 所示）是一种常用的仪器，通过选择开关的变换，可方便地对多种电学参量进行测量。其电路计算的主要依据是闭合电路欧姆定律。万用表通常可以用来测量电压、电流、电阻等，部分万用表还能测量交流电的频率、温度、电容以及晶体管的相关参数。

在使用万用表前，需要了解相关的标准电气符号。部分标准电气符号及含义如表 1–4 所示。

图 1–18 万用表

表 1-4　标准电气符号及含义（部分）

符号	含义	符号	含义
~	AC（交流电）	⏚	接地
⎓	DC（直流电）	─▭─	保险丝
─▷├─	二极管	─┤├─	电容
⚠（闪电）	危险电压，有触电危险	🔋	电池
⚠	危险，重要信息，请参阅手册	•)))	通断蜂鸣
hFE	三极管测量	HOLD	数据保持
Ω	电阻测量	OL	超量程显示

万用表的使用方法：

1）直流电压测量

① 测量直流电压，将红表笔插入“VΩ”挡，黑表笔插入“COM”孔。

② 旋转开关至直流电压挡位置。

③ 将表笔分别接至电源或电池的两端，确保接触稳定。

④ 读取数值。如果数值旁边出现“-”，表明表笔极性与电源极性相反，此时红表笔连接的是负极。

2）交流电压测量

① 测量交流电压，将红表笔插入“VΩ”挡，黑表笔插入“COM”孔。

② 旋转开关至交流电压挡位置。

③ 将表笔分别接至电源或电池的两端，确保接触稳定。

④ 读取数值。因为交流电压没有正负之分，因此不需要考虑表笔的正、负极接法。测量中需要确保表笔接触稳定，然后读取数值即可。

3）电流测量

① 在进行电流测量时，要依据测量的电流大小，正确选择合适的插孔。如果测量的电流是“A”级的，需要将红表笔插入带有“A”字样的红色插孔；如果测量的电流小于“A”级别，可将红表笔插入带有“mA”或“μA”字样的红色插孔。

② 根据测量电流的大小选择旋钮开关位置。如果不能确定电流值大小，为了确保安全可以首先选择“A”挡，再根据实际测量情况选择“mA”或“μA”挡。

③ 将万用表串联进电路中，保持接触稳定，然后读取数值。如果显示为“OL”，则需要增加量程；如果出现“-”，则说明红、黑表笔接反。

4）电阻测量

① 将红、黑表笔分别插入万用表的“VΩ”和“COM”孔。

② 万用表挡位选择“Ω”挡。

③ 读取数值。在测量时万用表笔接在待测元件/线路的金属部位，测量时要避免手或其他导线与待测元件/线路接触，以免影响测量精度。

注意：① 在使用万用表前，应将红、黑表笔分别插入万用表的“VΩ”和“COM”孔，选择电阻挡，将红、黑接触，读取数值以确定万用表正常。

② 在进行任何类型的测量时，都需要注意个人安全，避免触摸表笔的金属部分，以防触电。

2. 钳形电流表

钳形电流表（如图 1-19 所示）又叫钳表，是一种用于测量正在运行的电气线路电流大小的仪表，其是利用电流互感原理进行测量的。钳形电流表是新能源汽车维修检测工作中的常用仪器。

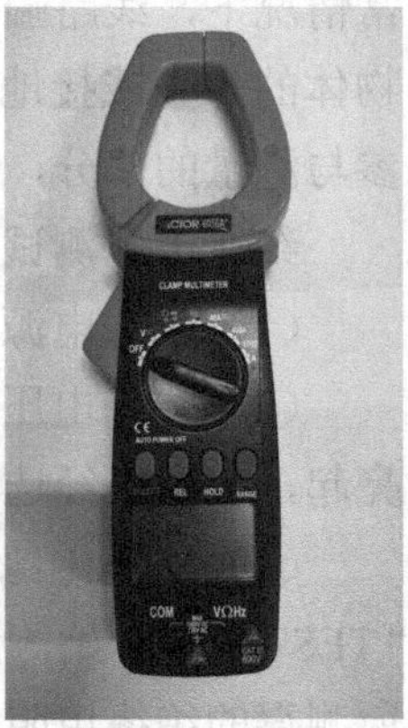

图 1-19　钳形电流表

钳形电流表的使用方法：

（1）选择合适的量程。根据被测电路是交流电还是直流电，选择合适的钳形电流表挡位。如果是交流电，应选择交流电流挡；如果是直流电，应选择交直流两用钳形电流表。

（2）连接钳形电流表。将被测导线置于钳形电流表的钳口中，确保导线不会挡住感应区。

（3）读取电流值。打开钳形电流表的电源开关，观察屏幕上的读数。

（4）检查钳口和量程。确保钳口闭合紧密，没有杂音。如果测量的是小电流，可能需要将被测导线缠绕几圈后再放入钳口中，以提高测量精度。

（5）现在大多数钳形电流表都具有测量电压、电阻、频率等功能，其使用方法与万用表基本一致。

使用钳形电流表时，还需注意以下事项：

（1）测量前应预估被测电流的大小，以选择合适的量程。

（2）被测导线的电压不应超过钳形电流表的额定电压。

（3）测量时应避免触及其他带电部分，以防安全事故发生。

（4）测量结束后，应将钳形电流表保存在干燥清洁的环境中。

（5）测量直流电流时，应确保钳形电流表的正负极连接正确。

（6）测量时应戴绝缘手套，穿绝缘胶鞋，以防触电。

（7）测量过程中，不应将钳形电流表直接连到电源的两极上，以免损坏电流表或电源。

3. 绝缘电阻测试仪

绝缘电阻测试仪（图 1-20）也称为兆欧表，主要用于测量电气设备的绝缘电阻。

图 1-20　绝缘电阻测试仪

早期的绝缘电阻测试仪利用手摇发电机产生高压电对绝缘电阻进行测量，因此也称为摇表。现在的绝缘电阻测试仪利用内置的充电电池作为电源，经 DC/DC 变换器产生直流高压，其输出电压通常有 500 V、1 000 V、2 500 V、5 000 V 等，不同的电压等级用于测试不同额定电压的电气设备，绝缘电阻测试仪在选择测试电压时，通常都要选择略高于被测物的额定电压。如：在对 220 V 线路进行绝缘测试时，可以选择 500 V 的测试电压；对额定电压为 380 V 的三相电机线路进行绝缘测试时，可以选择 500 V 的测试电压；新能源汽车的高压电电压一般在 600～900 V，在利用绝缘电阻测试仪进行绝缘电阻测量时，可以选择 1 000 V 的测试电压。

绝缘电阻测试仪的工作原理与万用表的电阻测量原理一致。通过给被测装置或网络施加一个电压激励，然后测量产生的电流，兆欧表利用欧姆定律来测量电阻。

绝缘电阻测试仪接线端子符号含义：不同的测试场合可能需要使用不同的接线方式。通常情况下，线路端子（“L”）用于连接被测物体的导电部分，接地端子（“E”）用于连接被测物体的外壳或接地部分，而屏蔽端子（“G”）则用于连接被测物体的保护遮蔽部分或其他不参与测量的部分，以减少由于表泄漏引起的误差。

绝缘电阻测试仪的使用方法：

（1）开启电源：首先打开电源开关，此时屏幕上会显示当前选择的电压等级。

（2）选择电压等级：通过轻按一次高压启停键来选择所需的电压挡位，然后高压指示灯亮起，表示已经选择了相应的电压等级。

（3）测量绝缘电阻：在被测物体上连接好线路，并确保所有连接正确无误。然后按下“TEST”键开始测量，此时高压将被激活。当高压指示灯亮起时，显示屏上的稳定数值即是所测得的绝缘电阻值。

① 测量线路对地的绝缘电阻。如图 1-21（a）所示，将兆欧表的“L”接到被测线路上（导线线芯），“E”接线柱与地连接，打开兆欧表的电源，选择合适的电压等级，按下“TEST”键进行测量，兆欧表显示的数值即为绝缘电阻值。

实际使用时，E、L 两个接线柱也可以任意连接，但 G 接线柱绝不能接错。

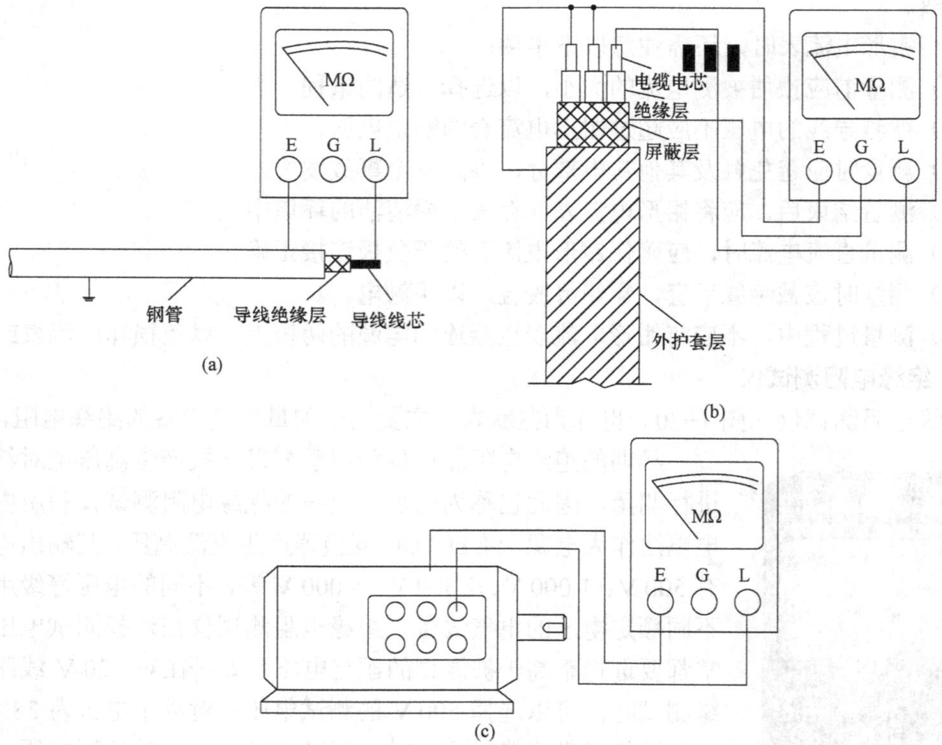

图 1-21　绝缘电阻的测量

② 测量电缆的绝缘电阻。测量电缆电芯与电缆外护套层的绝缘电阻时，如图 1-21（b）

所示，将绝缘电阻测试仪 E 端与电缆外护套层连接，未参加测量的电芯也与电缆外护套层连接，L 端与电缆电芯连接，G 端屏蔽层相连接，打开兆欧表的电源，选择合适的电压等级，按下“TEST”键进行测量，兆欧表显示的数值即为电缆的绝缘电阻值。

③ 测量电动机的绝缘电阻。如图 1-21（c）所示，将绝缘电阻测试仪 E 端接电机外壳，L 端与电动机某相待测绕组连接，测出的绝缘电阻就是某相的对地绝缘电阻。

（4）关闭高压：在完成测量后，如果不需要继续使用高压功能，可以再次按下高压键关闭高压。

（5）关闭整机电源：需要关闭整机电源时，长按电源开关直至电源灯熄灭，即完成了整机的关机操作。

注意：在使用过程中，应遵守相关的安全规范，避免高压对人体的伤害。

知识拓展

仪表 CAT 等级简介

IEC/EN 是由国际电工委员会（IEC）和欧洲标准化委员会（CEN）及欧洲电工标准化委员会（CENELEC）制定的一系列认证标准。这些标准被广泛应用于电气、电子和相关技术领域，旨在确保产品的质量、安全和可靠性。在标准 IEC/EN 61010—031 中定义的测量类别被指定为过电压类别。这个术语起源于这样一个事实，即分类主要基于主电源中可能发生的过电压（浪涌）。实际上，测量类别在预期瞬态值的水平上差异不大，而在短路情况下各测量类别中可用功率则有所不同。较高的测量类别比较低的测量类别可以释放更多的能量，其结果甚至可能具有爆炸性特征，对用户造成非常严重的后果。在标准 IEC/EN 61010—031 中有四种不同的测量类别，缩写为“CAT”。CAT 类别后缀Ⅰ到Ⅳ的数字在目录中以额定电压进行说明，并在产品上标明。通常 CAT 等级越高，对产品的安全要求越高。

CAT 等级严格规定了电气工作人员在不同级别的电气环境中可能遇到的电气设备的类型，以及在这样的区域中工作所使用的测量工具必须遵循的安全标准。对于万用表、钳型表、过程校准仪表等手持表来说，它们所标注的 CAT 等级表明了它们各自所归属的最高的“安全区域”，CAT 后面的电压数值则表示它们能够受到电压冲击的上限。

CATⅠ：Ⅰ类为适用于在不直接与电网电源连接的电路上进行测量。例如，在不由电网供电的电路上和作了特殊保护由电网供电的电路上的测量。

CATⅡ：Ⅱ类为适用于在直接与低压设施连接的电路上进行的测量。例如，在家用电器上、便携式工具上和类似设备上的测量。

CATⅢ：Ⅲ类为适用于在建筑物设施中进行的测量。例如，在配电板上、断路器上、布线上包括电缆、汇流条上、接线盒上、开关上、固定设施的输出插座上、工业用设备上以及其他设备上，与固定设施永久连接的驻立式电动机上的测量。

CATⅣ：Ⅳ类为适用于在低压设施的源端处进行的测量。例如，在电表上、在初级过流保护装置上和纹波控制单元上的测量。

根据 IEC/EN 1010—1 的相关规定，CAT 等级是向下单向兼容的，也就是说，一块 CAT Ⅳ的万用表在 CATⅠ、CATⅡ和 CATⅢ的环境下使用是完全安全的。但是一块 CATⅠ的万用表在 CATⅡ、CATⅢ、CAT Ⅳ的环境下就不能保证安全使用。

任务五　实践训练（一）

实训项目一　高压触电急救

技能目标

掌握高压触电后人员急救的基本方法。

素养目标

树立安全第一、生命至上的理念。

高压电作用于人体后会对人产生非常大的伤害，严重时可能会危及生命安全，我们应如何对被高压电击人员进行急救？

1. 脱离电源

触电急救，首先要使触电者迅速脱离电源，越快越好。因为电流作用的时间越长，伤害越重。脱离电源就是要把触电者接触的那一部分带电设备的开关、刀闸或其他断路设备断开。在脱离电源的过程中，救护人员既要救人，也要注意保护自己。触电者未脱离电源前，救护人员不得直接用手触及伤员，因为有触电的危险。

2. 脱离电源后的处理

触电者如神志清醒，应使其就地躺平，严密观察，暂时不要站立或走动。如果触电者神志不清，应使其就地仰面躺平，且确保气道通畅，并呼叫触电者或轻拍其肩部，以判定触电者是否意识丧失。禁止摇动触电者头部。对于需要抢救的触电者，应立即就地坚持正确抢救，并设法联系医院接替救治。

实训项目二　灭火器的正确使用

技能目标

掌握灭火器的正确使用方法。

素养目标

牢固树立安全生产的思想。

灭火器是应对火灾的重要装备，正确使用灭火器则是控制火情的关键。灭火器的主要组成部分包括筒体、阀门压把、保险销、压力指示器等，具体结构如图 1-22 所示。在筒体内装有灭火剂，干粉灭火剂的主要成分是磷酸盐，用来抑制火焰的燃烧链反应，通过化学作用阻止火势蔓延。常用的磷酸盐包括磷酸二氢铵和磷酸氢二铵等。这些物质在受热时会分解，释放出的气体能够稀释空气中的氧气浓度，从而抑制燃烧。

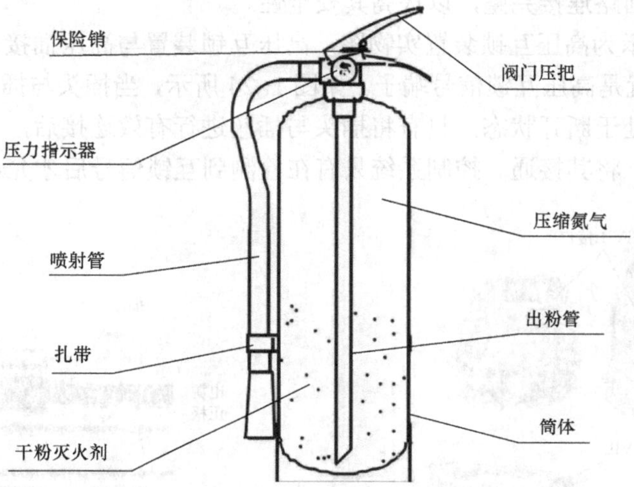

图 1-22　灭火器结构

灭火器的使用方法：

（1）除掉铅封，拔出保险销，操作者站在火焰上风有效距离 2～3 m 处。

（2）左手握着喷射管对准火焰根部，右手提着灭火器按下压把，干粉即喷出。同时左手左右适当摆动喷射管，使气体横扫整个火焰根部，并逐渐向前推移。

（3）如遇多处明火，可移动位置点射着火点，直至火焰完全熄灭，不留明火为止，防止复燃。

（4）火灾后，抬起灭火器压把，即停止喷射。

实训项目三　高压互锁原理与检修

技能目标

1. 掌握高压互锁装置的功用和原理。
2. 掌握高压互锁的检修方法。

素养目标

养成严谨细致的工作作风。

一、高压互锁装置的功用与原理

在新能源汽车中，各高压插件端都装有高压互锁装置。高压互锁的作用是判断高压系统回路的完整性，只有所有高压插接件均插接到位后才允许高压系统上电。在整车上高压电之前，确保整个高压回路连接完整，以提高其安全性。

如图 1–23 所示为高压互锁装置实物图，高压互锁装置与高压插接件集成在同一插接件上，图中方框部分就是高压互锁信号端子。如图 1–24 所示，当插头与插座部分断开后，插座上的两个互锁端子处于断开状态，只有将插头与插座进行有效连接后，才能依靠插头上的金属板（或金属簧片）将其接通。控制系统只有在检测到互锁信号后才允许高压系统接通。

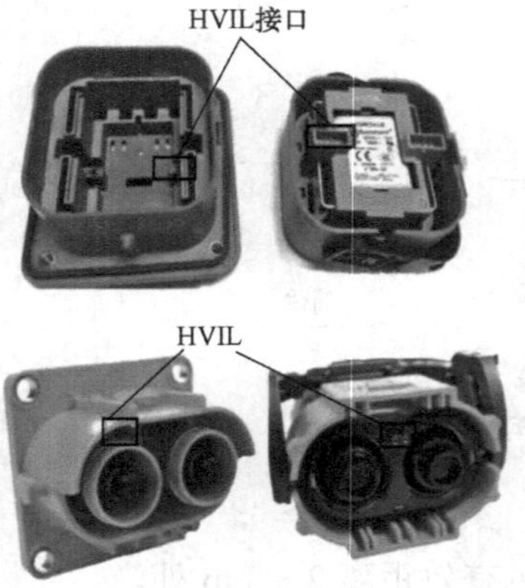

图 1–23　高压互锁装置实物图

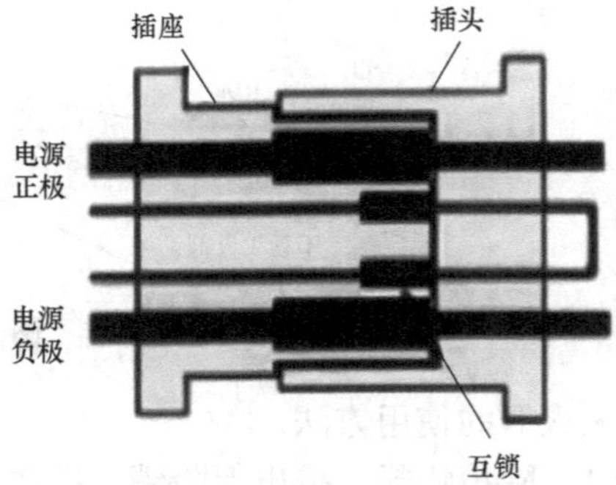

图 1–24　高压互锁原理

图 1–25（a）为直流源方案简图，在整个 HVIL 环路外部施加一个直流源，并通过检测 V1 和 V2 处的电压，来诊断高压连接器状态；图 1–25（b）为脉宽调制（PWM）方案简图，引入可控开关，通过控制开关并检测 VI 和 V2 处的电压，可以识别出更多的回路状态。

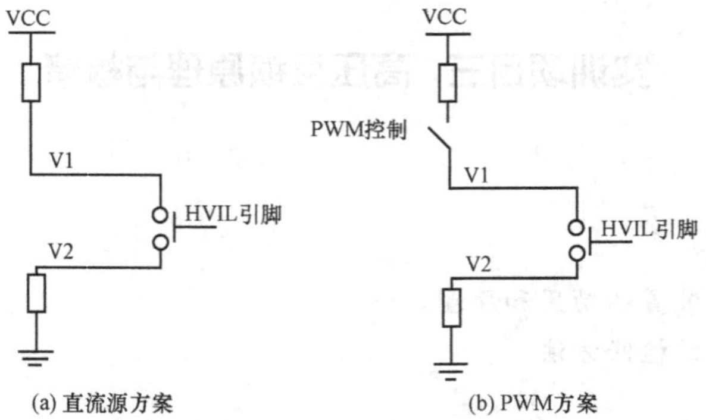

图 1–25　高压互锁装置检测方案

在实际检测工作中，只需要使用万用表检测某个高压插接件插座上的两根互锁信号线的通断，即可判断此插接件的技术状态。也可以通过检测信号线与地之间的电压值进行判断。

二、高压互锁常见故障原因分析

1. 高压互锁开关失效

关闭盖板之后开关不能闭合是互锁开关常见的故障。可能原因是设计尺寸偏差，导致互锁开关不能闭合；盖板突出的筋结构高度偏低，高压互锁开关不能闭合到位，致使互锁回路开路；设计不合理导致安装过程中互锁开关结构失效致使开关不能闭合。设计互锁开关时要综合考虑安装的可能情况，调整开关的朝向，从而避免结构失效。

2. 端子退针导致开路

当互锁回路的低压线束中部分线束的端子以及高压用电器和高压配电盒（PDU）上高压互锁回路上的端子质量有问题时，会导致端子退针，导致公母端子接触不良。可以采用“二分法”快速精准定位故障位置。需要注意的是在进行问题排查时，需要使用合适尺寸的探针。探针直径不宜过大，否则会影响到端子的接触质量和寿命。

3. 互锁端子对地短路

由高压互锁回路的工作原理可知，虽然回路是通的，但对地短路也会报高压互锁开路。

4. 动力电池内部故障

若整车报高压互锁回路故障，而经实际检测，线束是完整的，且检测没有开路和对地短路的情况，则可带电测量互锁回路是否形成通路，即确认低压线束回路相通，高压线束都连接完好。然后将高压互锁回路任何一个地方断开，使用欧姆挡测量是否导通，还可以继续排查验证是否是动力电池内部的故障。

实训项目四　高压中止

技能目标

1. 理解高压中止的目的。
2. 掌握高压中止的方法。

素养目标

1. 树立安全意识。
2. 养成严谨细致的工作作风。

在对新能源汽车高压系统部件进行维修和更换时，为了能够安全操作，确保人身安全，需要将动力电池输出的高压电切断，这一过程称为高压中止。

图 1–26 所示为比亚迪 e5 高压原理图。动力电池包通过两根高压母线与高压电控总成连接。在动力电池包中安装高压维修开关，在进行高压系统维修时，可以将高压维修开关拔出，即可使除动力电池外的其他高压设备失去高压电。

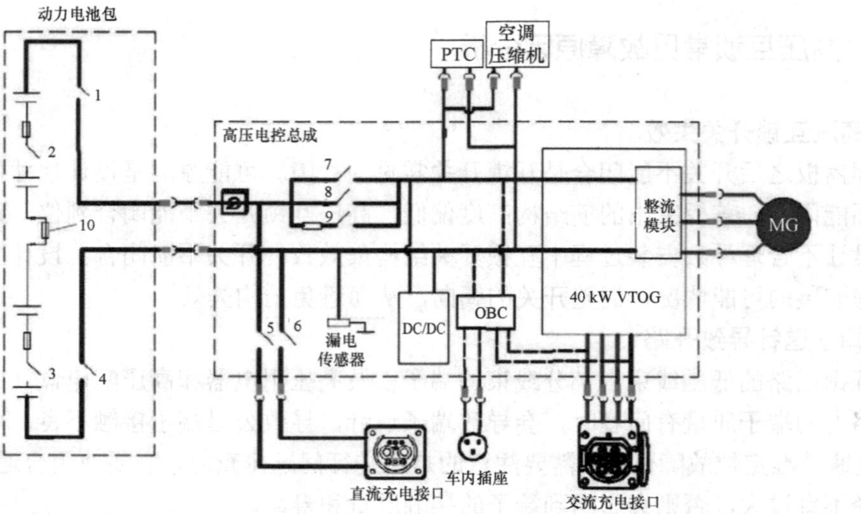

1—正极接触器；2—电池包分压接触器1；3—电池包分压接触器2；4—负极接触器；5—直流充电正极接触器；6—直流充电负极接触器；7—主接触器；8—交流充电接触器；9—预充接触器；10—高压维修开关

图1-26　比亚迪e5高压原理图

高压中止流程：

（1）关闭点火开关。

（2）将低压蓄电池的负极拆下，用绝缘胶布将负极电缆包裹绝缘。

（3）佩戴绝缘手套，做好个人安全防护，拔下高压维修开关。

（4）等待5 min，保证高压系统完全泄压，利用万用表检测高压系统是否不具有高压电。

单元测试

一、填空题

1. ________和________随时间周期性变化的电流称作交变电流，简称交流电。

2. 行业规定人体所承受的电压不能超过_______V。

3. 人体触电的形式有___________、_________和________三种。

4. 高压电对人体的伤害主要包括___________、___________、___________和________四种形式。

5. 新能源汽车的高压系统电缆通常采用________（颜色）导线。

6. 比亚迪“四合一”单元包含了__________、_________、_________和_________。

7. __________用于检测高压系统回路的完整性。

二、选择题

1. 下列能够直接阻止人体与地面之间连通，防止人体与地面形成电流回路的防护装备有（　）。

A. 绝缘手套　　B. 绝缘鞋　　C. 绝缘工具　　D. 护目镜

2.（　　）在使用前需要检测其绝缘性能。

A. 绝缘手套　　　B. 绝缘鞋　　　C. 绝缘橡胶垫　　D. 护目镜

3. 新能源汽车发生火灾时，需要选择（　　）灭火器进行灭火。

A. 干粉　　　B. 二氧化碳　　　C. 泡沫　　　D. 1211

4. 在新能源汽车维修中，当需要检测高压线路的电流时，可选择（　　）进行测量。

A. 万用表　　　B. 钳形电流表　　　C. 绝缘电阻测试仪

5. 万用表与绝缘电阻测试仪在测量电阻时的原理一致，但是绝缘电阻测试仪在测量电阻时施加于被测物两端的（　　）更高。

A. 电压　　　B. 电流　　　C. 电阻　　　D. 频率

三、简答题

1. 简述高压互锁故障的原因。

2. 简述绝缘电阻测试仪测试电压的选择依据。

四、课程思政讨论

“安全”是本项目的一个重要教学内容，主要涉及在新能源汽车检测与维修过程中的高压电安全防护。其实这只是安全的一小部分内容，在日常的工作、学习、生活中会遇到很多安全问题，不仅包含人身安全、财产安全、信息网络安全，还包含国家安全。

请讨论“安全”对大家的影响以及如何进行防范。

参考答案：

一、填空题

1. 大小　方向

2. 36

3. 直接触电　间接触电　范围触电

4. 电击效应　热效应　化学效应　肌肉刺激效应

5. 橙色

6. 高压配电盒　电机控制器　DC/DC 变换器　车载充电机

7. 高压互锁装置

二、选择题

1. B　2. C　3. A　4. B　5. A

三、简答题

1. ① 高压互锁开关失效；② 端子退针导致开路；③ 互锁端子对地短路；④ 动力电池内部故障。

2. 不同的电压等级用于测试不同额定电压的电气设备，绝缘电阻测试仪在选择测试电压时，通常都要选择略高于被测物的额定电压。① 如果测试电压低于被测物的额定电压时，将无法正确测量出绝缘电阻值；② 如果测试电压高于（尤其是远高于）被测物的额定电压时，可能会导致被测物由于高压击穿而损坏。

四、课程思政讨论

略。

项目二

新能源汽车动力电池

任务一　动力电池概述

知识目标

1. 掌握动力电池的分类。
2. 理解动力电池的基本结构和原理。
3. 理解动力电池基本参数。

素养目标

1. 养成独立自主的学习态度。
2. 培养崇尚科学的精神。

任务导入

用户在有意向购买车型后往往会在网上查找车辆的相关参数，对于纯电动汽车，用户更关心的是车辆所配置的动力电池。你能向目标用户解释不同动力电池的特点及相关参数的含义吗？

理论知识

一、动力电池基础知识

1. 动力电池的基本组成

1）单体电池

单体电池（图 2-1）也称为电芯，是指能够将化学能直接转换为电能的基本装置，是构成动力电池包的最基本单元。单体电池由正极、负极、电解质、隔膜、外壳等部分组成。

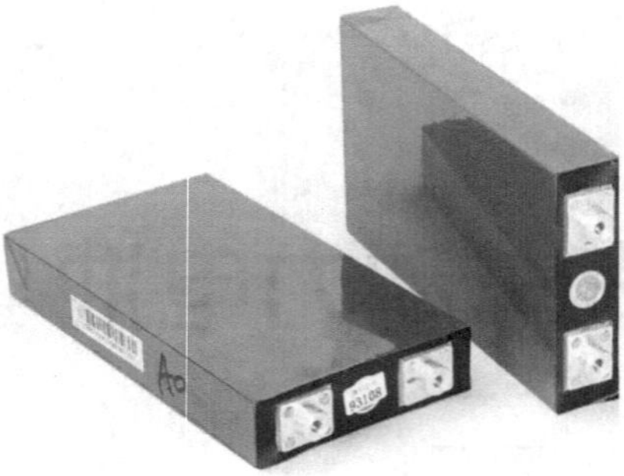
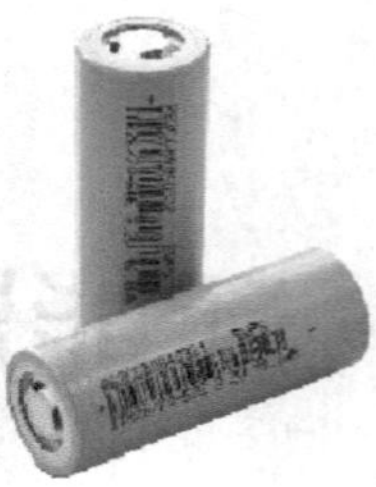

方形　　　　圆柱形

图 2-1　单体电池

2）动力电池包

动力电池包也称为电池组，由多个单体电池通过串联、并联的方式连接成组。

单体电池电压较低不能满足电动汽车在动力方面的需求，因此需要将多个单体电池进行串联以提高动力电池包的输出电压。为了满足电动汽车在续航方面的需求，需要将若干个单体电池进行并联以提高动力电池包的容量。

3）电池管理系统

为了让动力电池能够高效、安全、稳定、长寿命地工作，仅仅依靠动力电池包是不能满足其使用要求的，还需要一套完整的电池管理系统（BMS）对动力电池包进行控制。

2. 单体电池（电芯）的基本组成

电池是一种能够将化学能转换为电能输出的装置。要将化学能转换为电能，必须满足以下条件：

（1）必须将化学反应中失去电子的氧化过程和得到电子的还原过程分别在两个区域完成。

（2）两个电极必须是离子导电性物质。

（3）化学变化过程中电子的传递必须经过外电路。

为了满足以上三个条件，电池需要包含以下几个组成部分：

（1）正极。正极具有较高的电极电位，在放电时进行还原反应或阴极过程。

（2）负极。负极具有较低的电极电位，在放电时进行氧化反应或阳极过程。

（3）电解质。具有高的、选择性的离子导电率，提供电池内部的离子导电的介质。大多数电解质为无机电解质水溶液。

（4）隔膜。为保证正负极活性物质不直接接触而短路，而且正负极之间距离尽可能小，以使电池具有较小的内阻，在正负极之间必须设置隔膜。

（5）外壳。作为容器，既要求具有一定的机械强度，还要能承受电解质的腐蚀。

3. 动力电池的分类

按照工作特点、材料等，动力电池通常有三种分类方法：

1）按电解质种类

① 酸性电池。酸性电池主要是以酸类物质的水溶液为电解质，如以 36%的 H_2SO_4 为电解质的铅酸蓄电池。

② 碱性电池。碱性电池主要以 KOH 水溶液为电解质，如镍氢电池、锌锰电池。

③ 中性电池。中性电池主要以盐溶液为电解质。如有的锌空气电池采用氯化铵与氯化锌为电解质。

④ 有机电解质电池。有机电解质一般选择高氯酸锂为主的锂盐、高纯度的有机溶剂、必要的添加剂等原料，在一定条件下，按一定比例配制而成。

2）按工作方式和储存方式

① 一次电池。一次电池也称为原电池，是指电量放完后不能充电再使其恢复的电池，如我们平时经常使用的锌锰干电池就是一次电池。

② 二次电池。二次电池又称为蓄电池或可充电的电池，是指在电池放电后可通过充电的方式使活性物质激活而继续使用的电池。如目前在纯电动汽车上作为动力电池使用的锂电池，以及燃油车上的铅酸蓄电池等都是二次电池。

③ 连续电池。连续电池主要指燃料电池。如氢燃料电池通过持续供给氢气和氧气就能连续不断地产生电能。

④ 储备电池。储备电池是一类特殊形式的原电池，其正、负极活性物质与电解质分开存放，无自放电，储存时间可达 5～10 年且不需维护。当需要使用电池时，可用电解质或水（溶剂）临时将其激活，一次完成放电。

3）按所用正、负极材料

① 锌系列电池：如锌锰电池、锌银电池等。

② 铅系列电池：如铅酸蓄电池等。

③ 镍系列电池：如镍铬电池、镍氢电池等。

④ 锂系列电池：如磷酸铁锂电池、三元锂电池等。

⑤ 空气系列电池：如锌空气电池、铝空气电池等。

⑥ MnO_2 系列电池：如锂锰电池、碱锰电池等。

二、动力电池基本参数

1. 电动势与电压

1）电动势

电池的电动势，又称电池标准电压或理论电压，是指电池在理想平衡状态下，正极与负极之间的电位差。

2）端电压

电池的端电压是指电池正极与负极之间的电位差。

3）开路电压

电池的开路电压是电池在无负荷情况下的端电压。开路电压不等于电池的电动势。电池的电动势是从热力学函数计算而得到的，而电池的开路电压则是实际测量出来的。

4）放电电压

蓄电池放电过程中的端电压。

5）工作电压

电池在某负载下实际的放电电压，通常是在一定的范围内。例如，铅酸蓄电池的工作电压为 1.8～2 V，镍氢电池的工作电压为 1.1～1.5 V，锂离子电池的工作电压为 2.75～3.6 V。

6）额定电压

指电池在标准条件下能够稳定输出的电压。例如，锌锰干电池的额定电压为1.5 V，镍镉电池的额定电压为1.2 V，铅酸蓄电池的额定电压为2 V，锂电池的额定电压为3.2～3.7 V。

7）终止电压

指放电终止时的电压值，根据放电电流大小、放电时间、负载和使用要求的不同而不同。以铅酸蓄电池为例，电动势为2.1 V，额定电压为2 V，开路电压接近2.1 V，工作电压为1.8～2 V，终止电压为1.5～1.8 V。根据放电率的不同，终止电压也不同。

8）充电电压

指外电源的直流电压对电池充电的电压，通常在一定的范围内。例如，镍镉电池的充电电压为1.45～1.5 V；锂离子电池的充电电压为4.1～4.2 V；铅酸蓄电池的充电电压为2.25～2.7 V。电池的充电电压要大于开路电压。

2. 内阻

内阻是指电池在工作时，电流流过电池内部所受到的阻力。电池在短时间内的稳态模型可以看作一个电压源，其内部阻抗等效为电压源的内阻，内阻大小决定了电池的使用效率。电池内阻是影响电动汽车性能的重要参数之一，内阻的本质是不可逆地将电能转换为其他形式的能量。电池包括欧姆内阻和极化内阻，极化内阻又包括电化学极化内阻和浓差极化内阻。欧姆内阻是指电极、隔膜、电解质及各连接部件的电阻。极化内阻是指电池的正、负极进行电化学反应时极化所引起的电阻。

内阻越大，电池放电时的端电压就会低于其电动势和开路电压，而充电时的端电压则会高于电动势和开路电压。因此，对于动力电池来说，内阻数值越小越有利于保证动力电池的性能。电池内阻并不是一个固定的数值，它会随着活性物质组成、电解质浓度、电池温度以及放电时间的变化而变化。

3. 容量

指电池在充足电以后，在一定的放电条件下所能释放出的电量，以符号C表示，其单位为安时（Ah）或毫安时（mAh），容量与放电电流大小有关，与充放电截止电压也有关系。电池的容量可分为理论容量、额定容量和实际容量。

1）理论容量

假设电极活性物质全部参加电池的电化学反应所能提供的电量，是根据法拉第定律计算得到的最高理论值。

2）额定容量

额定容量也称保证容量，是指设计和制造电池时，按照国家或相关部门颁布的标准，保证电池在一定的放电条件下能够放出的最低限度的电量。

3）实际容量

实际容量是指电池在一定的放电条件下实际放出的电量。它等于放电电流与放电时间的乘积，对于使用中的化学电源，其实际容量总是低于理论容量，而通常比额定容量大10%～20%。电池容量的大小，与正、负极上活性物质的数量和活性有关，也与电池的结构和制造工艺、电池的放电条件（电流、温度）有关。影响电池容量因素的综合指标是活性物质的利用率。换言之，活性物质利用得越充分，电池给出的容量也就越高。采用薄型电极和多孔电极，以及减小电池内阻，均可提高活性物质的利用率，从而提高电池实际输出的容量。

为了比较不同系列的电池，常用比容量的概念。比容量是指单位质量或单位体积的电池所能给出的电量，相应地称为质量比容量或体积比容量。

电池在工作时通过正极和负极的电量总是相等的。但是，在实际电池的设计和制造中，正、负极的容量一般不相等，电池的容量受容量较小的电极的限制。实际电池中多为正极容量限制整个电池的容量，而负极容量过剩。

4. 能量

电池的能量是指在一定放电制度下，电池所能输出的电能，单位通常用瓦时（Wh）表示。电池的能量反映了电池做功能力的大小，也是电池放电过程中能量转换的量度，它影响电动汽车的行驶距离。

1）理论能量

假设电池在放电过程中始终处于平衡状态，其放电电压保持电动势的数值，而且活性物质的利用率为100%，即放电容量等于理论容量，则在此条件下电池所输出的能量为理论能量，也就是可逆电池在恒温、恒压下所做的最大功。

2）实际能量

实际能量是电池放电时实际输出的能量。它在数值上等于电池实际容量与电池平均工作电压的乘积。

3）比能量

电池的比能量通常用来比较不同系列电池的性能。比能量分为质量比能量和体积比能量。质量比能量是指单位质量电池所能输出的能量，也称质量能量密度，单位常用 W·h/kg 表示。体积比能量是指单位体积电池所能输出的能量，也称体积能量密度，单位常用 W·h/L 表示。

5. 功率与比功率

电池的功率是指电池在一定放电制度下，单位时间内输出的能量，单位为瓦（W）或千瓦（kW）。

单位质量或单位体积电池输出的功率称为比功率，单位为 W/kg 或 W/L。如果一块电池的比功率较大，则表明在单位时间内，单位质量或单位体积中给出的能量较多，即表示此电池能用较大的电流放电。因此，电池的比功率也是评价电池性能优劣的重要指标之一。

6. 放电率

指放电时的速率，常用“时率”和“倍率”表示。时率是指以放电时间（h）表示的放电速率，即以一定的放电电流放完额定容量所需的时间。倍率是指电池在规定时间内放出额定容量所输出的电流值，数值上等于额定容量的倍数。例如，2 倍率放电表示放电电流数值为额定容量的 2 倍。若电池容量为 3 A·h，那么放电电流应为 $2\times3=6$（A），也就是 2 倍率放电。

7. 放电深度

放电深度（DOD）是表示放电程度的一种量度，为放电容量与总放电容量的百分比。放电深度的高低与二次电池的充电寿命有很大关系：二次电池的放电深度越高，其充电寿命就越短，因此在使用时应尽量避免深度放电。

8. 荷电状态

荷电状态（SOC）是指电池的剩余容量占电池总容量的比值。荷电是人们在使用中最关心、也是最不易获得的参数数据，因为荷电状态是非线性变化的。

9. 自放电率

对于所有化学电源，即使在与外电路没有接触的条件下开路放置，容量也会自然衰减，这种现象称为自放电，也称荷电保持能力。

电池自放电的大小，用自放电率来衡量，一般用单位时间内容量减少的百分比表示：

自放电率=［（储存前电池容量−储存后电池容量）/储存前电池容量］×100%

10. 寿命

使用寿命是指电池实际使用的时间长短。对一次电池而言，电池的寿命是表征给出额定容量的工作时间（与放电率大小有关，通常放电率越大，电池寿命越短）。对二次电池而言，电池的寿命分充放电循环寿命和湿搁置使用寿命两种。

充放电循环寿命是衡量二次电池性能的一个重要参数。在一定的充放电制度下，电池容量降至某一规定值之前，电池能耐受的充放电次数，称为二次电池的充放电循环寿命。充放电循环寿命越长，电池的性能越好。

三、车用动力电池的要求

动力电池作为纯电动汽车的唯一动力来源，其性能和相关参数直接影响车辆的性能和安全。纯电动汽车要依据使用环境、运行工况、设计目标等因素选择不同的动力电池。具体要求如下：

（1）动力电池要有足够的能量和容量。汽车在行驶过程中需要克服各种阻力的作用，保证汽车具有良好的加速能力、爬坡能力以及最高速度，因此需要动力电池提供足够的能量。动力电池的高容量能够有效提高续航里程，减少充电时间。

（2）长寿命。伴随车辆不断使用，动力电池性能会不断衰减，导致整车性能下降，当电池的实际容量小于额定容量的80%时，动力电池已不适合在车辆上使用。动力电池成本占整车成本的40%以上，提高电池的使用寿命能够有效降低车辆的使用成本。

（3）安全性。动力电池的安全不仅关乎车辆性能，更直接关系到驾乘人员的生命安全及公共财产的保护。目前，主要通过改进电池结构以及完善电池管理系统来提高动力电池的安全性。

（4）宽温度范围。汽车使用的地理位置比较复杂，环境温度跨度很大，通常要求动力电池在−20～+55 ℃的温度范围内能够正常工作，以提高车辆的环境适应性。

（5）由于动力电池组的质量和体积都相对较大，所以在动力电池箱的设计和空间布置等方面都要适应整车空间、前后桥质量分配等要求。

（6）环保性要求。动力电池的直接废弃会导致严重的环境污染问题，为了降低环境污染，提高资源利用率，可以对车辆替换下的动力电池进行梯次利用。对于报废的动力电池要严格按照相关的法律法规进行回收处理。

知识拓展

电池成组方式简介

为了使纯电动汽车具有一定的动力性和续航能力，通常需要对电压较低、容量较小的单体电池通过一定的方式进行成组，以满足纯电动汽车的行驶需要。

电池的连接方式：

（1）电池的串联。将多个单体电池的正、负极首尾依次相连就是电池串联。通过串联的方式可以提高电池包的电压，但是不改变电池包的容量。如单体电池的电压为 U、容量为 C，数量为 n，则电池包的总电压为 $n\times U$，容量为 C。

（2）电池的并联。将多个单体电池的正、负极分别进行连接，可以提高电池包的容量，但是电池包的电压保持不变。如单体电池的电压为 U、容量为 C，数量为 n，则电池包的总电压为 U，容量为 $n\times C$。

（3）电池的混联。将多个电池包进行连接，其中既有串联也有并联的连接方式。汽车的动力电池包即采用此种连接方式，既能提高电池包的电压也能提高电池包的容量。

表 2–1 为大众 ID.4 的动力电池包参数，请依据此表所提供的参数推算出 ID.4 动力电池包电池的连接方式。

表 2–1　大众 ID.4 动力电池包参数

项目	参数
电池包尺寸（长×宽×高）	1 690 mm×1 300 mm×140 mm
电池包质量	517 kg
电池包容量	234 A・h
电池包标称电压	350.4 V
电池包能量	82 kW・h
模组容量	234 A・h
模组标称电压	29.2 V
电芯容量	117 A・h
电芯标称电压	3.67 V

解：串联电芯数：29.2 V/3.67 V≈8

并联电芯数：234 A・h/117 A・h=2

模组总电芯数：8×2=16

模组采用的连接方式：2P8S（2 并 8 串）

模组数：350.4 V/29.2 V=12

结论：电池由 12 个模组组成，以 2 并 8 串的方式连接，即 12×2P8S。

任务二　铅酸蓄电池

知识目标

1. 掌握铅酸蓄电池的分类与结构组成。
2. 掌握铅酸蓄电池的工作原理。

3. 理解铅酸蓄电池的充放电特性。
4. 掌握铅酸蓄电池的特点。
5. 了解铅酸蓄电池的应用。

素养目标

培养良好的科学素养。

任务导入

因使用年限已久，一辆新能源汽车 12 V 低压蓄电池亏电严重，需要更换低压蓄电池。作为维修技师，你能否为车辆选择合适的蓄电池进行更换？

理论知识

一、铅酸蓄电池的概述与分类

1. 概述

铅酸蓄电池是普兰特（Plante）于 1859 年发明的，至今已有一百多年的历史。在化学电源中一直占有绝对优势，这是因为其原材料易于获得，价格低廉，使用上有充分的可靠性，具有大电流放电及广泛的环境温度范围等优点。

时至今日，铅酸蓄电池在二次电池领域仍然应用广泛，作为起动电源，在燃油汽车、新能源汽车的低压蓄电池、低速电动车、电动自行车等场合大规模使用。

2. 分类

经过多年发展，铅酸蓄电池被广泛应用，为了适应不同应用场合需要，铅酸蓄电池衍生发展出多种类型。

1）按用途分（如表 2-2 所示）

表 2-2　铅酸蓄电池分类 1

铅酸蓄电池类型	主要用途特性
起动用	供各种汽车、拖拉机、柴油机起动和点火、照明用；起动时要求大电流放电，要求能低温起动、电池内阻小
固定型防酸式	用于发电厂、变电所、通信、医院等，作为保护、自动控制、事故照明、通信等备用电源；电解质稀、寿命长、浮充使用
牵引用	用于各种蓄电池车、叉车、铲车、矿用电机车等，作为电动牵引及照明电源用；要求极板厚、容量大
其他用	大小容量不等，放电率多种多样

2）按特点分（如表 2–3 所示）

表 2–3　铅酸蓄电池分类 2

铅酸蓄电池类型	主要特点
普通蓄电池	其极板由铅和铅的氧化物构成，电解质是硫酸的水溶液。它的主要优点是电压稳定、价格便宜；缺点是比能低、使用寿命短、日常维护频繁
干荷蓄电池	主要特点是负极板有较高的储电能力，在完全干燥状态下，能在两年内保存所得到的电量，使用时，只需加入电解质，20～30 min 后就可使用
免维护铅酸蓄电池	由于自身结构的优势，电解液的消耗量非常小，在使用寿命内基本上不需要补充蒸馏水。具有耐震、耐高温、体积小、自放电小的特点。使用寿命一般为普通铅酸蓄电池的两倍
阀控密封式铅酸蓄电池	在使用期间不用加酸加水维护，电池为密封结构，不会漏酸，也不会排酸雾。电池盖子上设有溢气阀（也称安全阀），该阀的作用是：当电池内部气体量超过一定值，即当电池内部气压升高到一定值时，溢气阀自动打开，排出气体，然后自动关闭，防止空气进入电池内部

二、铅酸蓄电池的结构与组成

铅酸蓄电池通常由正极板、负极板、隔板、电解质、外壳等部分组成，如图 2–2 所示。

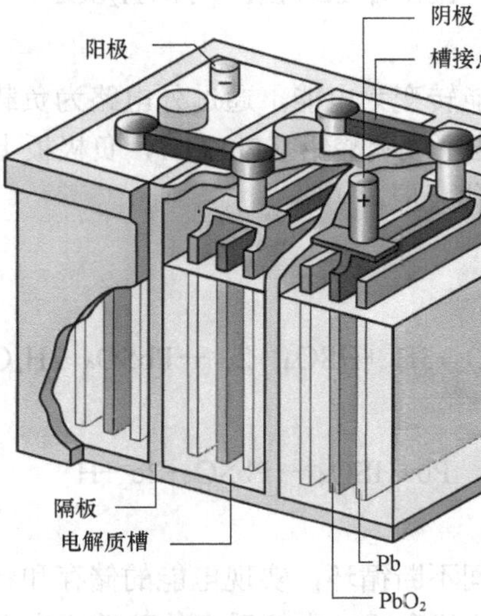

图 2–2　铅酸蓄电池结构

铅酸蓄电池单体电压是 2 V，在实际应用中通常将多个单体电池进行串联以提升其电压。如在汽车的低压电源系统中，就是通过将 6 个单体铅酸蓄电池进行串联得到 12 V 的低压蓄电池。

1. 正、负极板

正极板表面的活性物质是二氧化铅（PbO_2），呈深褐色（铅酸蓄电池外壳正极标有“+”）；

负极板表面的活性物质是海绵状铅（Pb），呈青灰色（铅酸蓄电池外壳负极标有“–”）。正、负极板间插入隔板。

2. 隔板

为了减小蓄电池的内阻和尺寸，蓄电池的正、负极板应尽可能靠近。为了防止相邻正、负极板彼此接触而短路，正、负极板之间需使用隔板隔开。隔板也是电解质的载体，能够吸收大量的电解质，且隔板具有许多微孔，可以使电解质顺畅流动。

3. 电解质

在蓄电池充放电过程中，电解质不但起导电作用，而且参与化学反应。铅酸蓄电池的电解质由纯硫酸和蒸馏水按一定的比例配制而成。铅酸蓄电池电解质密度一般处于1.24～1.31 g/cm^3，不同地区、不同气候条件对电解质密度的选择略有不同。

三、铅酸蓄电池的工作原理

1. 充电过程

在充电过程中，电源向电池提供电能，使得正极板上的硫酸铅（$PbSO_4$）转变为二氧化铅（PbO_2），同时负极板上的硫酸铅（$PbSO_4$）转变为铅（Pb）。

充电过程的化学反应式：

正极侧：

$$PbSO_4+2H_2O \rightarrow PbO_2+2H^++H_2SO_4+2e^-$$

负极侧：

$$PbSO_4+2e^-+2H^+ \rightarrow Pb+H_2SO_4$$

2. 放电过程

在放电时，电池内部的化学能转变为电能，通过外电路为负载提供电能。正极板的氧化铅（PbO_2）与硫酸（H_2SO_4）反应生成硫酸铅（$PbSO_4$），负极板上的铅（Pb）也转变为硫酸铅（$PbSO_4$）。此反应被称为双硫化反应。

放电过程的化学反应式：

正极侧：

$$PbO_2+3H^++HSO_4^-+2e^- \rightarrow PbSO_4+2H_2O$$

负极侧：

$$Pb+HSO_4^- \rightarrow PbSO_4+2e^-+H^+$$

3. 循环过程

铅酸蓄电池在充电和放电之间不断循环，实现电能的储存和释放。每次充电后，电池内的硫酸铅物质会逐渐转化为二氧化铅和铅，电解质中的硫酸浓度会发生变化。

4. 电解质作用

电解质在充电和放电过程中起到传递离子和维持电荷平衡的作用。它帮助正、负极板间的离子传输，使得电池正常工作。

在铅酸蓄电池充放电过程中，电解质的浓度遵循以下规律：

（1）铅酸蓄电池放电时，电解质中的硫酸不断减少，水逐渐增多，溶液密度下降。

（2）铅酸蓄电池充电时，电解质中的硫酸不断增加，水逐渐减少，溶液密度上升。

（3）在实际工作中，通过测量电解质密度就可以判断蓄电池的充放电程度。

5. 水分解反应

在充电过程中，电解质中的水分解产生氢气和氧气。当正极充电至 70%时，开始析出氧气；当负极充电至 90%时，开始析出氢气。

6. 充电终止条件

为了保护铅酸蓄电池，充电过程中需要监测电池的电压、电流和温度等参数。当电池电压达到设定值、电流降至一定程度或温度超出允许范围时，充电过程终止。

铅酸蓄电池通过充电和放电过程实现电能的储存和释放。充电时，正、负极板上的硫酸铅转化为二氧化铅和铅，电解质中的硫酸浓度增加；放电时，二氧化铅和铅转化为硫酸铅，电解质中的硫酸浓度降低。在充电和放电之间，电池不断循环，实现电能的传递和储存。

四、铅酸蓄电池的充放电特性

1. 充电特性

图 2–3 所示为不同充电阶段铅酸蓄电池的电压变化情况。充电初期（曲线 *oa* 段），由于开始充电时电池极板的硫酸铅分别转化为二氧化铅和铅，同时生成硫酸。极板表面和活性物质微孔内的硫酸浓度骤增，由于不能及时向外扩散，导致电池的电动势迅速升高，电池的端电压急剧上升。充电中期（曲线 *ab* 段），电解质的相互扩散，极板表面和活性物质微孔内硫酸浓度增加的速度和向外扩散的速度逐渐趋于平衡，极板表面和微孔内的电解质浓度不再急剧上升，端电压缓慢上升。随着充电的进行，活性物质逐步转化为二氧化铅和铅，孔隙逐渐扩大，孔率增加。充电过程到达曲线的 *b* 点（此时单体电压约 2.3 V）时，电池的活性物质大部分已经转化为二氧化铅和铅，极板上剩余硫酸铅较少，如果继续充电，电解质中的水被大量电解，开始析出氢气和氧气。部分析出气体因被极板表面吸附而不能及时释放，导致电池内阻增加，从而引起电池正极电位升高，电池端电压再次出现升高（曲线 *bc* 段）。在充电曲线的 *cd* 段，由于活性物质已全部还原为 SOC 100%时的状态，水的分解也趋于饱和，电解质剧烈沸腾，电压稳定在 2.7 V 左右，充电至 *d* 点结束。在 *d* 点后即使延长充电时间，端电压也不会再继续升高，此时充电电流只是对水进行分解。

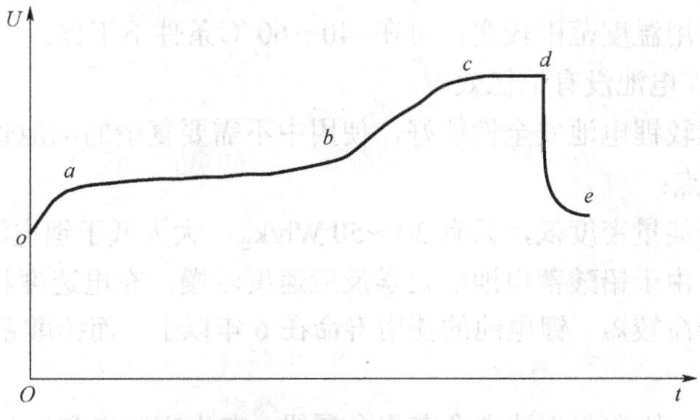

图 2–3 铅酸蓄电池充电特性曲线

2. 放电特性

在铅酸蓄电池不放电的情况下，其活性物质微孔中的电解质密度与极板外的电解质密度相同。铅酸蓄电池放电后，其活性物质表面的电解质密度立即下降，而极板外的电解质是缓慢地向活性物质表面扩散，不能立即补偿活性物质表面电解质的密度。随着放电过程的进行，活性物质表面的电解质密度继续下降。

铅酸蓄电池继续放电，在活性物质表面的电解质浓度下降的同时，极板外的电解质向活性物质表面扩散，补充了活性物质表面的电解质的浓度并保持一定的浓度，活性物质表面电解质的浓度变化缓慢，使铅酸蓄电池的端电压也随即保持稳定，如图 2-4 *BC* 段所示。

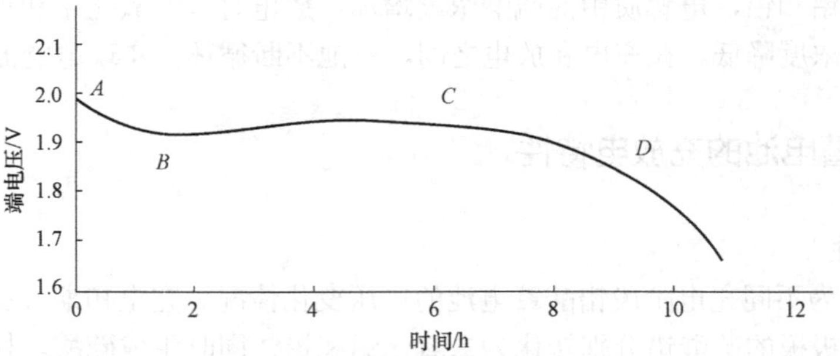

图 2-4　铅酸蓄电池放电特性曲线

铅酸蓄电池继续放电，极板外的电解质的整体浓度也逐渐降低，活性物质表面的电解质的浓度也随之降低，又由于电解质和活性物质被消耗，其作用面积也不断减小，结果是铅酸蓄电池的端电压也随着下降，如图 2-4 *CD* 段所示。

五、铅酸蓄电池的特点

铅酸蓄电池作为当前使用最广泛的一种类型的电池，其具有以下优点：

1. 铅酸蓄电池的额定电压为 2 V，高于镍氢电池的 1.2 V，是常用电池中电压较高的。
2. 化学电池中，铅酸蓄电池价格低廉。
3. 铅酸蓄电池具有良好的高倍率放电性能，适用于各种短时大电流放电场合。
4. 铅酸蓄电池使用温度范围较宽，可在−40～60 ℃条件下工作。
5. 易于“浮充”，电池没有记忆效应。
6. 铅酸蓄电池相较锂电池安全性能好，使用中不需要复杂的电池管理系统。

铅酸蓄电池的缺点：

1. 铅酸蓄电池的能量密度低，只有 30～50 Wh/kg，大大低于锂电池的能量密度。
2. 充电时间长。由于铅酸蓄电池的化学反应速度较慢，充电速度相对较慢。
3. 铅酸蓄电池寿命较短。锂电池的使用寿命在 6 年以上，而铅酸蓄电池的使用寿命通常为 1～3 年。
4. 存在环境污染。铅酸蓄电池中含有重金属铅，在生产制造和回收利用过程中对环境会造成一定的负面影响。

六、铅酸蓄电池的应用

目前，虽然锂离子电池被大量使用，但是铅酸蓄电池因其价格低、安全性高等优点，应用依然十分广泛。

1. 电动自行车。作为动力电池，铅酸蓄电池具有技术成熟、性价比高、安全性高、可靠性强、电池可回收利用等优点，是电动自行车的理想动力电池。

2. 汽车起动电源。目前，汽车起动电源依然以铅酸蓄电池为主，主要是因为汽车起动电源对宽温域下的大电流放电性能、循环寿命、安全性、稳定性等方面的要求严格，铅酸蓄电池在这些方面仍具有优势。

3. 低速电动车。由于受到价格和安全性等方面的限制，低速电动车以铅酸蓄电池作为动力电池。锂离子电池虽然有诸多优点，但其价格相对较高，而且使用锂离子电池必须要有完善的电池管理系统，这些都限制了锂离子电池在低速电动车上的应用。

4. 不间断电源。铅酸不间断电源具有维护成本低、使用寿命长、稳定性高等特点，再加上铅酸蓄电池价格低的优点，目前以铅酸蓄电池为储能装置的不间断电源依然被广泛使用，为各种关键设备和系统的持续运行提供了可靠的电力保障。

知识拓展

铅炭电池

铅炭电池（如图 2–5 所示）是在传统的铅酸蓄电池的负极中加入活性炭，是一种电容型铅酸蓄电池。相较传统铅酸蓄电池，铅炭电池的寿命显著提高。

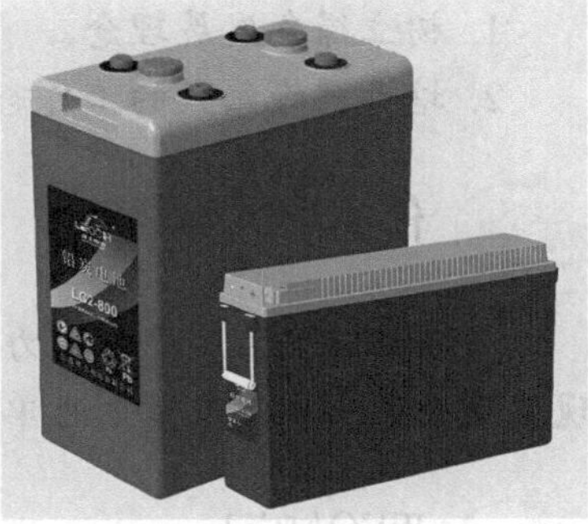

图 2–5　铅炭电池

针对铅酸蓄电池负极硫酸盐化问题，澳大利亚联邦科学与工业研究组织（CSRIO）的科学家 L. T. Lam 首次制备出了超级电池，最初是将铅酸蓄电池的负极由铅板改进为一半采用正常铅负极，另一半采用炭负极板，但是这种复合负极会产生严重的析氢现象。为了解决这一问题，将负极的海绵状铅与炭直接混合制成电池的负极板，即铅炭电池。

铅炭电池的优点：

（1）铅炭电池具有快速充电的特点，能在短时间内完成充电，其充电速度是铅酸蓄电池的 8 倍。

（2）铅炭电池具有强大的放电能力，其放电功率比铅酸蓄电池提高 3 倍。

（3）由于铅炭电池解决了铅酸蓄电池的负极硫化问题，相比铅酸蓄电池，其寿命大幅提高，循环充电次数可达 2 000 次。

（4）综合成本低。虽然铅炭电池的材料成本比铅酸蓄电池稍高，但是由于其具有高能量密度、长寿命、快速充电等特点，整体成本要低于铅酸蓄电池。

（5）温度适应性好。铅炭电池在高、低温环境下都能够提供可靠的电力供应，在−20 ℃环境下工作，依然能够保持电池的功率和容量。

（6）安全性好。铅炭电池具有良好的稳定性和安全性，能够满足多种场合的工作需要。

铅炭电池的缺点：

（1）与铅酸蓄电池相比，虽然铅炭电池的能量密度有所提高，但是与镍氢电池、锂离子电池等相比依然存在差距。体积大、质量重，在一定程度上限制了铅炭电池的应用。

（2）铅炭电池在低温状态时工作效率较低。

（3）铅炭电池在生产、回收过程中会对环境产生较严重的污染。

任务三　镍氢电池

知识目标

1. 掌握镍氢电池的结构。
2. 理解镍氢电池的工作原理。
3. 掌握镍氢电池的特点。
4. 了解镍氢电池的应用。

素养目标

1. 树立绿色发展理念。
2. 培养严谨细致的工作态度。

任务导入

一辆丰田汉兰达混合动力汽车的动力电池模组出现故障，需要进行更换处理。检查后发现其动力电池采用镍氢电池单体组成，你能说出镍氢电池的原理和特点吗？

理论知识

镍氢电池是在镍镉电池的基础上发展起来的。相对于镍镉电池，由于镍氢电池不含有镉元素，从而避免了镉对环境的破坏。20 世纪 60 年代储氢合金的发现，极大地提高了镍氢电池的发展速度。储氢合金能够在一定的温度和压力条件下吸放大量的氢，并能够在强碱性电解质溶液中反复充放电并长期稳定存在，是一种理想的电池负极材料。镍氢电池于 1988 年进入实用化阶段，1990 年开始规模化生产，是一种绿色电池，具有高能量密度、长寿命、无污染等特点。

一、镍氢电池的构造

镍氢电池由正极、负极、电解质、隔膜、外壳等部分组成，如图 2−6 所示。

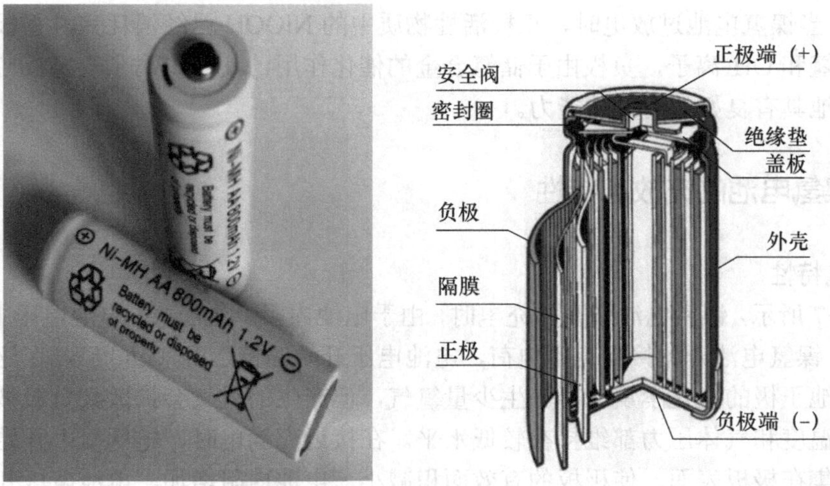

图 2–6　镍氢电池实物及结构

图 2–6 所示为圆柱形镍氢电池，隔膜用于将电池的正、负极相互隔离。镍氢电池采用羟基氧化镍（NiOOH）作为正极材料，由于其在碱性电解质（KOH）中不稳定，电解质中的碱金属离子会将羟基中的质子置换出来成为 H^+，促进自放电反应，因此，镍氢电池的自放电率较高。

镍氢电池的负极采用的是储氢合金。储氢合金是一种在一定条件下能实现氢气吸收和释放的合金。其基本原理是 $M+xH_2 \rightarrow MHx+H$（生成热），氢与金属的反应是一个可逆过程，在正向反应时，储氢合金吸收氢气并放热；在逆向反应时，储氢合金释放氢气，吸收热量。

二、镍氢电池的工作原理

镍氢电池正极活性物质为 $Ni(OH)_2$（电极称 NiO 电极），负极活性物质为金属氢化物，也称储氢合金（电极称储氢电极），电解质为 6 mol/L 氢氧化钾溶液。活性物质构成电极极片的工艺方式主要有烧结式、拉浆式、泡沫镍式、纤维镍式及嵌渗式等，不同工艺制备的电极在容量、大电流放电性能上存在较大差异，一般根据电池的不同使用条件而采取不同的生产工艺。通信等民用电池大多采用拉浆式负极、泡沫镍式正极构成电池。充放电化学反应式如下：

正极：

$$Ni(OH)_2+OH^-=NiOOH+H_2O+e^-$$

负极：

$$M+H_2O+e^-=MH+OH^-$$

总反应：

$$Ni(OH)_2+M=NiOOH+MH$$

反应式从左到右的过程为充电过程，反应式从右到左的过程为放电过程。

当镍氢电池充电时，正极的 $Ni(OH)_2$ 和 OH^- 反应生成 NiOOH 和 H_2O，同时释放出电子，负极则吸附氢原子形成 MH 和 OH^-。放电时，正极的 NiOOH 得到电子还原成 $Ni(OH)_2$，负极的金属氢化物（MH）释放氢原子扩散到表面形成氢原子，发生电化学反应后生成水和储氢合金（M）。当镍氢电池过放电时，正极活性物质中的 NiOOH 已经消耗完，正极上的水分子会被还原成氢和 OH^- 离子，负极由于储氢合金的催化作用，使 OH^- 离子与氢反应又生成水，因此镍氢电池具有良好的耐过放能力。

三、镍氢电池的充放电特性

1. 充电特性

如图 2-7 所示，镍氢电池刚开始充电时，由于电池内阻产生压降，电池电压上升较快（*oa* 段）。之后，镍氢电池开始接受充电电荷，电池电压开始缓慢上升（*ab* 段），在这一阶段的后期，由于电池正极的电化学反应会产生少量氧气，但产生的氧气会扩散到负极被化合，因此电池内部的温度和气体压力都维持在较低水平。在接近充满电时，电解质中开始产生气泡，这些气泡聚集在极板表面，使极板的有效面积减小，电池内阻增加，电池电压开始较快上升（*bc* 段）；若继续充电，虽然产生的氧气能很快在负极被化合，但是电池温度升高很快，从而使电池电压下降（*ce* 段），因此电压在接近充电终了时会出现峰值。

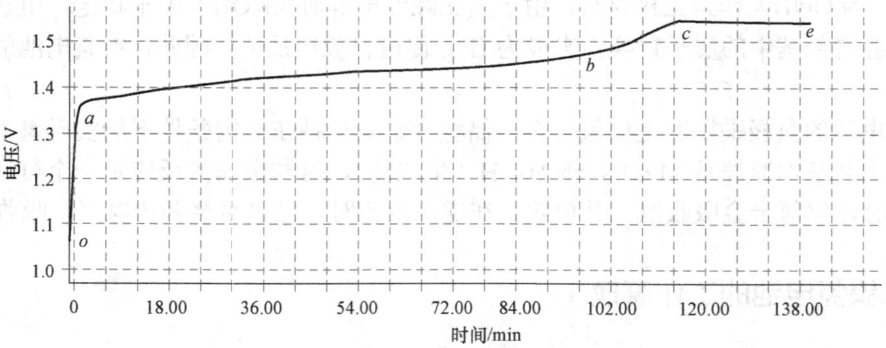

图 2-7　镍氢电池充电特性曲线

充电特性与充电电流大小有关，充电电流越大（充电速度越快），电池充电电压就越高，就能越早地达到充电终止电压；反之，电池能充入的电量就越少，充电效率也就越低。

2. 放电特性

镍氢电池的放电特性曲线如图 2-8 所示。电池刚开始放电时，电压快速下降（*oa* 段），

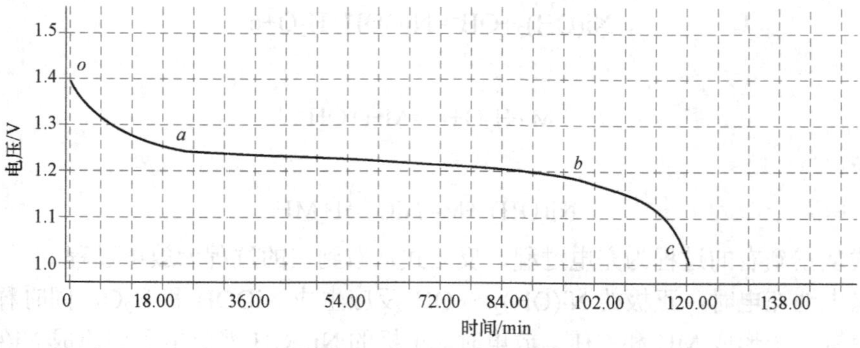

图 2-8　镍氢电池放电特性曲线

然后缓慢下降（*ab* 段），在接近放电终了时，放电电压又急剧下降（*bc* 段）。另外，放电电流越大，电池放电电压就越低，就能越早地达到放电终止电压；放电时间越短，电池能放出的电量就越小。

四、镍氢电池的特点

1. 能量密度高。相同的情况下，镍氢电池的容量是铅酸蓄电池的 1.3 倍左右。
2. 使用寿命较长，在浅充浅放前提下循环充放电达 1 000 次，适用于混合动力汽车。
3. 耐过充、过放电能力较强。
4. 相对于镍镉电池来说，绿色环保，无铅、镉等对人体有害金属的污染。
5. 使用温度范围宽，可以在−20～50 ℃下正常工作。
6. 自放电损耗较大，月损失在 30%左右。
7. 目前成本较高，是铅酸蓄电池价格的 2 倍以上。
8. 单体电池电压较低，为 1.2 V。

五、镍氢电池的应用

镍氢电池应用广泛，主要的应用包括：

1. 混合动力汽车。尤其是以丰田、日产、本田品牌为代表的日系混合动力汽车，因镍氢电池安全可靠、价格相对低廉、能够短时大电流放电等优点被广泛使用。

2. 电力系统。在光伏发电、风能发电等场合利用镍氢电池储能以弥补光伏、风能发电不稳定的不足，为电网提供稳定、可靠的电力供给。

除此以外，镍氢电池在工业现场、照明系统、通信设备、电动工具、不间断电源、各类仪表仪器、数码产品等场合也被广泛应用。但随着锂离子电池优越性能的日益凸显和锂离子电池价格的下降，镍氢电池的应用场合逐渐被锂离子电池替代。

知识拓展

丰田混合动力汽车为什么“偏爱”镍氢电池

锂离子电池由于其较高的能量密度和输出电压，在消费类电子产品中逐渐取代镍氢电池。在混合动力汽车动力电池的使用上，锂离子电池所占比重也在逐渐增大，但是以丰田、本田等品牌为代表的日系混合动力汽车中仍然大量使用镍氢电池进行储能，这是因为镍氢电池相对锂离子电池依然存在一些优势。主要体现在以下几个方面：

1. 镍氢电池的电解质是 KOH，是一种安全性极高的不可燃水溶液，其比热容和蒸发性能均相对较高。尽管镍氢电池的能量密度略低，但卓越的稳定性使其在短路等异常情况下也不会引起燃烧，而锂离子电池的电解质成分较为复杂，其中包含的碳酸二乙酯等物质具有易燃性，这在一定程度上增加了安全风险。因此使用镍氢电池的混合动力汽车安全性更高。

2. 由于混合动力系统的工作方式，需要不停地对电池进行快速充放电，而镍氢电池恰恰具备良好的快速充放电性能，锂离子电池反而不具备这一特点，因此在这种工况下，使用镍氢电池比使用锂电池更有优势。对于丰田的混动系统（THS），通过电池管理系统（BMS）设定动力电池电量始终保持在50%以上，利用发动机不断为电池充电。这种策略不仅避免了电力的过度消耗，还有助于延长电池的使用寿命。

3. 镍氢电池作为一款成熟的产品，其制造成本比锂离子电池要低很多。另外，镍氢电池的产品质量控制难度低，生产出来的镍氢电池良品率要远远高于锂离子电池的良品率，因此在制造成本和高良品率的共同作用下，镍氢电池更经济。除此以外，镍氢电池还不含有害物质，对环境相对友好。同时，镍氢电池的成分中含有稀土，可回收处理，这比锂离子电池更加环保。

任务四　锂离子电池

知识目标

1. 掌握锂离子电池的构造。
2. 理解锂离子电池的工作原理。
3. 掌握锂离子电池的特点。
4. 了解锂离子电池的应用。

素养目标

1. 了解当前国产动力电池状况。
2. 培养严谨细致的工作作风。

任务导入

一位朋友需要购买一辆纯电动汽车，通过比较中意两款车型，其中一款配置的是三元锂离子电池，另一款配置的是磷酸铁锂离子电池。你能根据这位朋友的实际需要及车辆的使用环境推荐合适的车吗？

理论知识

锂离子电池是当前被普遍使用的一种二次电池，广泛应用于新能源汽车、手机、笔记本电脑等。20世纪70年代，埃克森公司的M. S. Whittingham采用硫化钛作为正极材料，金属锂作为负极材料，制成首个锂离子电池；索尼公司在1991年发布首个商业锂离子电池。自此锂离子电池在电能存储领域发挥重要作用。

一、锂离子电池的结构组成

锂离子电池主要由正极、负极、隔膜、有机电解质以及外壳等部分组成。

1. 正极

锂离子电池的正极材料是能保持结构稳定的一类化合物——嵌入化合物，具有能使锂离子较为容易地嵌入和脱出的作用，锂离子电池的正极材料及特点如图 2-9 所示。

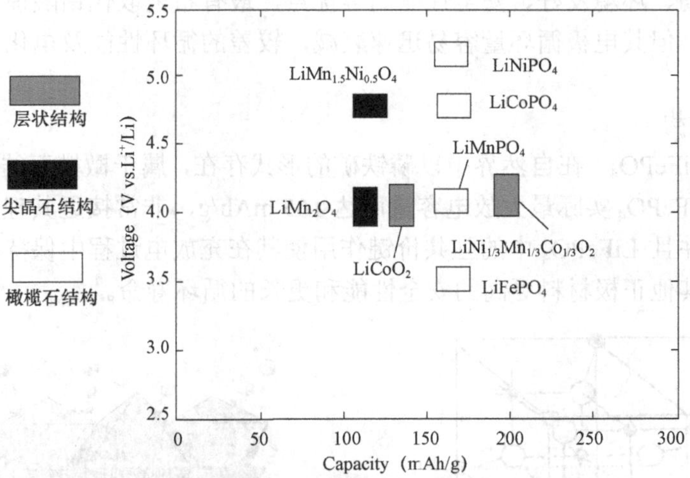

图 2-9　锂离子电池正极材料及特点

作为嵌入式电极材料的金属氧化物，依其空间结构的不同主要可分为以下三种类型。

1）层状氧化物结构

层状氧化物结构中研究比较成熟的是钴酸锂（$LiCoO_2$）和镍酸锂（$LiNiO_2$）。

钴酸锂（$LiCoO_2$）结构示意图如图 2-10 所示。钴酸锂是最早用于商品化的二次锂离子电池材料，在充放电过程中，$LiCoO_2$ 发生从三方晶系到单斜晶系的可逆相变，但这种变化只能伴随着很少的晶胞参数变化，因此，$LiCoO_2$ 具有良好的可逆性和循环充放电性能。具有放电电压高、性能稳定、易于合成等优点，但是钴酸锂稀少、价格较高、有毒、污染环境。

镍酸锂（$LiNiO_2$）结构示意图如图 2-11 所示。镍与钴的性质非常相近，而且价格比钴低很多，并且对环境污染较小。目前 $LiNiO_2$ 的最大放电容量为 150 mAh/g，比 $LiCoO_2$ 的最大放电容量稍大，工作电压为 2.5～4.1 V，因此，$LiNiO_2$ 被视为锂离子电池中最有前途的正极材料之一。

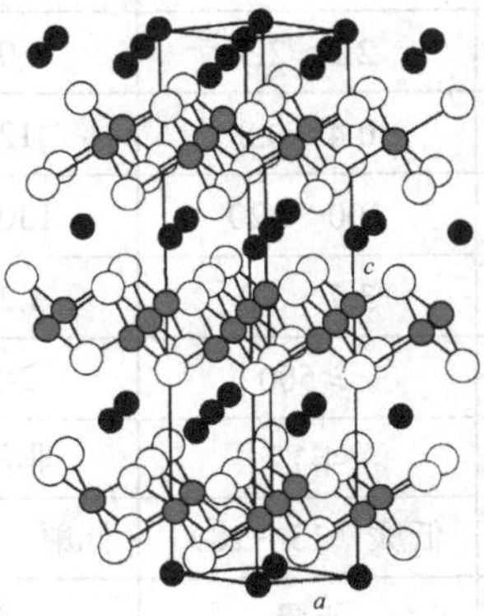

图 2-10　钴酸锂结构示意图

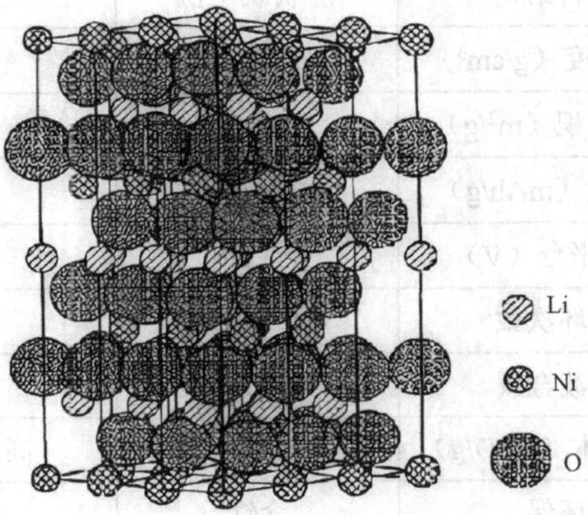

图 2-11　镍酸锂结构示意图

2）尖晶石结构

锰酸锂（$LiMn_2O_4$）是尖晶石嵌锂化合物的代表，结构示意图如图 2–12 所示。锰元素在自然界中含量丰富，价格便宜，且毒性远小于钴和镍。锰酸锂（$LiMn_2O_4$）作为电极材料具有价格低、电位高、环境友好、安全性能高等优点，最有希望取代钴酸锂成为新一代锂离子电池的正极材料。但其电极循环量容易迅速衰减，较差的循环性能及电化学稳定性大大限制了其产业化。

3）橄榄石结构

磷酸铁锂（$LiFePO_4$）在自然界中以磷铁矿的形式存在，属于橄榄石结构，结构示意图如图 2–13 所示。$LiFePO_4$ 实际最大放电容量可达 165 mAh/g，非常接近其理论容量，工作电压在 3.2 V 左右。并且 $LiFePO_4$ 中的强共价键作用使其在充放电过程中保持晶体结构的高稳定性，因此具有比其他正极材料更高的安全性能和更长的循环寿命。

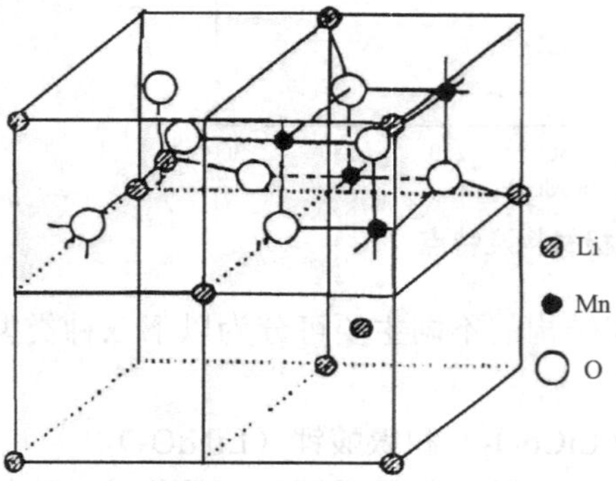

图 2–12　锰酸锂结构示意图

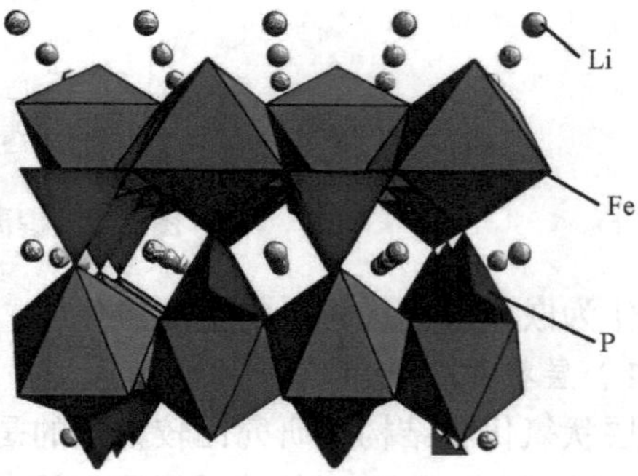

图 2–13　磷酸铁锂结构示意图

另外，$LiFePO_4$ 还具有原材料来源广泛、价格低廉、无环境污染、比容量高等优点。

锂离子电池典型正极材料的特点如表 2–4 所示。

表 2–4　锂离子电池典型正极材料特点

正极材料	钴酸锂	镍钴锰三元材料	锰酸锂	磷酸铁锂
材料结构	层状氧化物	层状氧化物	尖晶石	橄榄石
振实密度（g/cm^3）	2.8～3.0	2.0～2.3	2.2～2.5	1.0～1.4
比表面积（m^2/g）	0.4～0.6	0.2～0.4	0.4～0.8	12～20
比容量（mAh/g）	135～145	155～190	100～120	130～150
电压平台（V）	3.6	3.5～3.6	3.7～3.9	3.2～3.3
循环次数	≥300	≥800	≥500	≥2 000
过渡金属	贫乏	贫乏	丰富	非常丰富
原料成本（USD/g）	很高（26～50）	高（22～40）	低廉（15～28）	低廉（15～28）
环保	含钴	含镍、钴	无毒	无毒
安全性能	差，稳定性低	较好	良好	优秀

续表

正极材料	钴酸锂	镍钴锰三元材料	锰酸锂	磷酸铁锂
合成困难度	容易	难	难	中等
温度耐受性	尚可，−20～55 ℃以外会衰退	尚可，−20～55 ℃以外会衰退	差，高于 50 ℃迅速衰退	极佳（−40～70 ℃仍正常使用）
适用领域	小电池	小电池/小型动力电池	动力电池	动力电池/超大容量电池
缺点	材料成本高、安全性低	安全性待提高	高温自放电、循环寿命短	导电性差、体积大

2. 负极

负极作为锂离子电池的主要组成部分，就其性能来说通常有以下要求：① 嵌锂电位低且平稳，以保证较高的输出电压；② 允许较多的锂离子可逆脱嵌，比容量较高；③ 在充放电过程中结构相对稳定，具有较长的循环寿命；④ 较高的电子电导率、离子电导率和低的电荷转移电阻，以保证较小的电压极化和良好的倍率性能；⑤ 能够与电解质形成稳定的固体电解质膜，保证较高的库仑效率。目前，用于制造锂离子电池的负极材料通常有以下两类。

1）碳材料

碳材料是目前商品化的锂离子电池应用最为广泛的负极材料之一。石墨是锂离子电池碳材料中应用最早、研究最多的一种，其具有完整的层状晶体结构。石墨的层状结构有利于锂离子的脱嵌，能与锂形成锂—石墨层间化合物，其理论最大放电容量为 372 mAh/g，充放电效率通常在 90%以上。

2）氧化物材料

氧化物材料是目前人们研究的另一种负极材料体系，包括金属氧化物、金属基复合氧化物和其他氧化物。前两者虽具有较高理论比容量，但因从氧化物中置换金属单质消耗了大量锂而导致巨大容量损失，抵消了高容量的优点；Li_xMO_2、Li_xWO_2 等氧化物负极材料具有较好的循环性能，但由于其比容量低，到目前为止，并没有获得广泛深入的研究。$Li_4Ti_5O_{12}$ 具有尖晶石结构，充放电曲线平坦，放电容量为 150 mAh/g，具有非常好的耐过充、过放特征，充放电过程中晶体结构几乎无变化（零应变材料），循环寿命长，充放电效率近 100%。目前在储能型锂离子电池中有所应用。

二、锂离子电池的工作原理

锂离子电池是一种充电电池，它主要依靠锂离子在正极和负极之间移动来工作，如图 2-14 所示。在充放电过程中，Li^+在两个电极之间往返嵌入和脱嵌：充电时，Li^+从正极脱嵌，经过电解质嵌入负极，负极处于富锂状态；放电时则相反。一般采用含有锂元素的材料作为电极的电池，是现代高性能电池的代表。

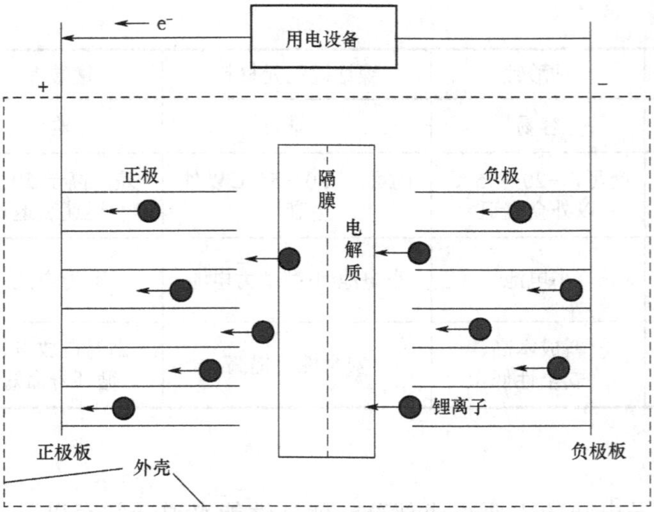

图 2-14　锂离子电池工作原理示意图

当电池进行充电时，电池的正极上有锂离子生成，生成的锂离子经过电解质运动到负极。而作为负极的碳呈层状结构，它有很多微孔，到达负极的锂离子就嵌入到碳层的微孔中，嵌入的锂离子越多，充电容量越高。同样，当对电池进行放电时（即我们使用电池的过程），嵌在负极碳层中的锂离子脱出，又运动回正极。回到正极的锂离子越多，放电容量越高。

锂离子电池充电时正负极化学反应式：

正极：

$$LiMO_2 \rightarrow Li_{1-x}MO_2+xLi^++xe^-$$

负极：

$$nC+xLi^++xe^- \rightarrow Li_xC_n$$

总反应：

$$LiMO_2+nC \rightarrow Li_{1-x}MO_2+Li_xC_n$$

三、锂离子电池的充放电特性

1. 充电特性

锂离子电池通常采用两段式充电方式进行充电（如图 2-15 所示），第一阶段为恒流限压，第二阶段为恒压限流。在第一阶段，电池以恒定的电流进行充电，同时监控电池电压。在第二阶段，电池电压维持在一个特定的水平，而电流则受到限制，以确保电池都能平稳地充电。

以额定容量为 15 A • h 的某型锂离子电池为例，充电初始电压为 3.2 V，温度为 25 ℃±5 ℃的条件下，分别采用 0.3 *C*、0.5 *C*、1 *C*、2 *C* 和 3 *C* 的充电倍率对电池进行充电。由图 2-16 可知，在充电初始阶段，电池电压迅速升高，充电电流越大则电池越早进入恒压充电阶段。随着充电电流的增加，恒流充电时间逐步减少，注入电池的可充入能量和容量也随之减少，所需充电时间随电流的增大而减小。通过试验，在采用 0.3 *C* 倍率进行充电时，充电完成后电池实际容量为 15 220 mAh。如果采用 3*C* 倍率进行充电，电池完成充电后的实际容量是 14 120 mAh。说明小电流充电更能提高电池充电时的实际可充入容量。

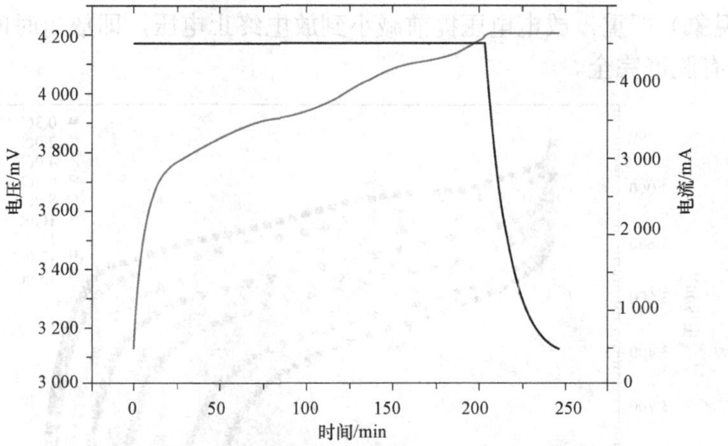

图 2-15　锂离子电池两阶段充电特性曲线

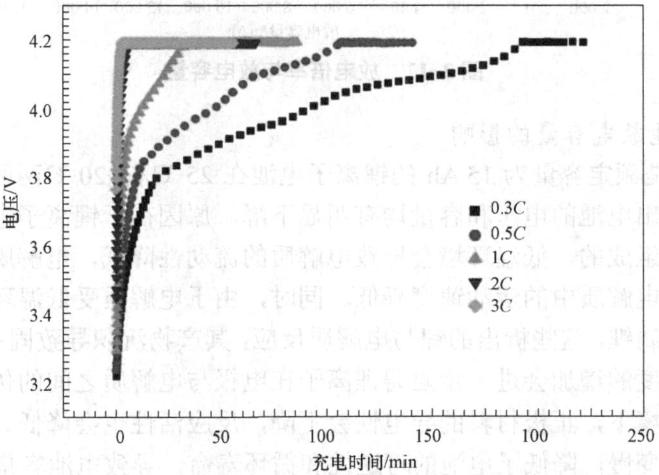

图 2-16　锂离子电池充电特性曲线

除了充电电流大小会对充电性能产生影响外，放电深度和充电温度也会对充电特性产生影响。具体体现在以下几点：

（1）随着放电深度的增加，充电所需要的时间也会相应增加，但是 SOC 值的增加与充电时间的增加不成正比。

（2）随着放电深度的增加，恒流充电时间所占总充电时间比例增加，恒流充电容量占所需充入容量的比重增加。

（3）随着充电环境温度降低，由于锂离子电池的活性下降，引起电池内阻增加，电池的可充入容量明显降低。低温还会导致电池内部化学反应速度减慢，从而影响充电效率，相应的充电时间也会明显增加。

2. 放电特性

1）放电倍率对电池放电容量的影响

图 2-17 所示是以额定容量为 15 A·h 的某型锂离子电池为例，在温度为 25 ℃±5 ℃的条件下采用不同放电倍率对电池进行放电试验。随着放电倍率的升高，锂离子电池持续出现放电容量衰减现象，根本原因在于电池极化（电池极化是指当电池有电流通过时，电位偏离

了平衡电位的现象）严重，放电电压提前减小到放电终止电压，即放电时间缩短，放电不充分，负极 Li^+没有脱嵌完全。

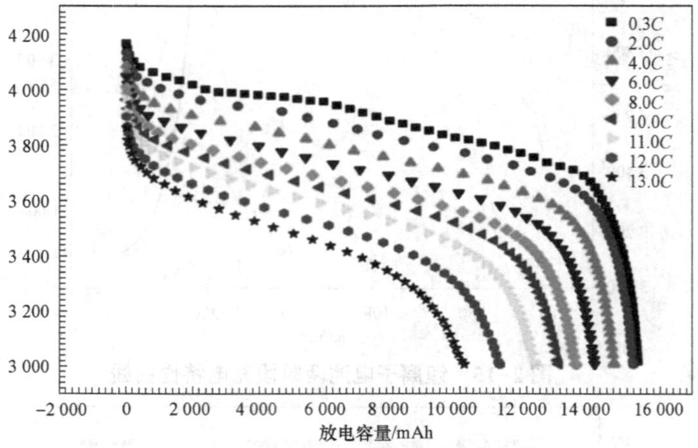

图 2-17 放电倍率与放电容量

2）温度对电池放电容量的影响

图 2-18 所示是额定容量为 15 Ah 的锂离子电池在 25 ℃和−20 ℃两种不同温度下的放电容量比较，可以看出电池的电压和容量均有明显下降。原因在于锂离子电池的电解质通常是由有机溶剂和锂盐组成的，低温环境会导致电解质的流动性降低，电解质的活性降低，导致在放电时锂离子在电解质中的运动速度降低。同时，由于电解质受低温环境影响，锂离子电池的负极易析出金属锂，这些析出的锂与电解质反应，其产物沉积导致固态电解质界面（SEI）厚度增加。SEI 厚度的增加会进一步阻碍锂离子在电极与电解质之间的传输，加剧电池性能的恶化。在低温环境下，正极材料的导电性会下降，反应活性也会降低。负极材料的锂嵌入和脱出动力学也会变慢，降低了电池的可逆性和循环寿命，导致电池容量下降。

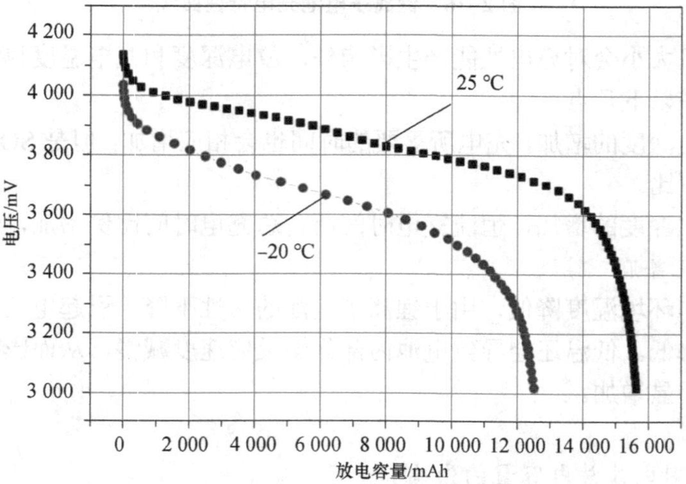

图 2-18 温度与电池容量间的关系

3）充放电循环次数对电池容量的影响

充放电循环次数与电池容量也存在密切关系，如图 2-19 所示。随着电池不断充放电，由于每次循环都会导致电池的化学反应，从而逐渐损耗电池的容量和性能。一般情况下，在动力电池经过500次充放电循环后，完全充电的电池容量约下降10%～20%。

通常，动力电池的实际容量低于初始额定容量的80%时，就不再符合电动汽车的使用标准，但经过测试、筛选、重组等环节，仍然可以应用在如储能系统、备用电源、低速电动车等场合。动力电池的梯次利用对于有效提升资源综合利用水平、提高经济效益、保护生态环境具有重要意义。

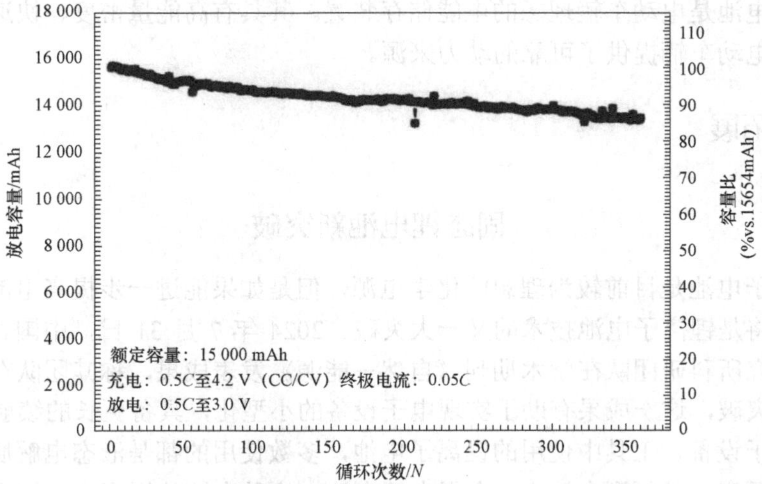

图 2-19　充放电循环次数与电池容量间的关系

四、锂离子电池的特点

1. 工作电压高。钴酸锂电池额定电压为3.6 V，锰酸锂电池额定电压为3.7 V。

2. 能量密度高。锂离子电池的理论密度可达 200 Wh/kg，实际可达 140 Wh/kg，是镍镉电池的3倍，是镍氢电池的1.5倍。

3. 循环寿命长。目前，锂离子电池在深度放电情况下，循环次数可达1 000次；在低放电深度条件下，循环次数可达上万次。

4. 自放电率低。锂离子电池月自放电率仅为总容量的5%～9%。

5. 无记忆效应。

6. 锂离子电池不含重金属，因此锂离子电池相对环境更加友好。

五、锂离子电池的应用

锂离子电池因具有较高的能量密度、循环寿命长、低自放电率、相对绿色环保等优点而被广泛使用。主要应用场合包括（但不限于）：

1. 便携式电子产品。锂离子电池广泛应用于移动电话、平板电脑、笔记本电脑、数码相机等便携式电子产品中。质量轻、体积小、续航时间长是便携式电子产品的重要要求，锂离子电池的高能量密度正好符合便携式电子产品的要求。

2. 电动工具。电钻、电动扳手等电动工具要求锂离子电池能够提供足够大的功率和较长使用时间，以便能够更加高效、便捷地工作。为了降低劳动强度，也要求电动工具具有轻便性。

3. 医疗器械。一些医疗设备，如便携式心脏除颤器、便携式救护设备。要求高可靠性、低自放电率以及较强的连续工作能力，通常也采用锂离子电池作为电源。

4. 储能系统。锂离子电池也被广泛应用于储能系统中，在风光互补发电系统、太阳能路灯等场合使用，用于转换产生电能，以便在需要时提供电力供应。

5. 电动车辆。电动车辆的动力电池要有足够的能量和容量来满足车辆的动力性和续航等要求，锂离子电池是电动车辆理想的电能储存装置。其具有高能量密度、快速充电和较长的驱动里程，为电动车辆提供了可靠的动力来源。

知识拓展

固态锂电池新突破

虽然锂离子电池是目前较为理想的化学电源，但是如果能进一步提高电池的能量密度和电池的安全性将是锂离子电池技术的又一大突破。2024 年 7 月 31 日，中国科学院青岛生物能源与过程研究所科研团队在学术期刊《自然—能源》发表成果，称其团队在全固态锂电池领域取得新的突破，这一成果有助于实现电子设备的小型化，具备更长的续航时间。

便携式电子设备、工具中使用的锂离子电池，多数使用的都是液态电解质，科研团队的科学家们正在研究一种新型电池——全固态锂电池。这种电池使用固态电解质，由于固态电解质不易发生泄漏和起火，因此相较于传统锂离子电池更加安全。

虽然全固态锂电池具有一系列的优点，但制造电池正极的不同材料在化学和物理性质上很难完美匹配，因此而产生的多种界面问题直接影响到电池的能量密度和使用寿命，成为电池研发过程中的重要问题。为了解决这个问题，科研团队开发了一种新的材料——均质化正极材料，如图 2–20 所示。

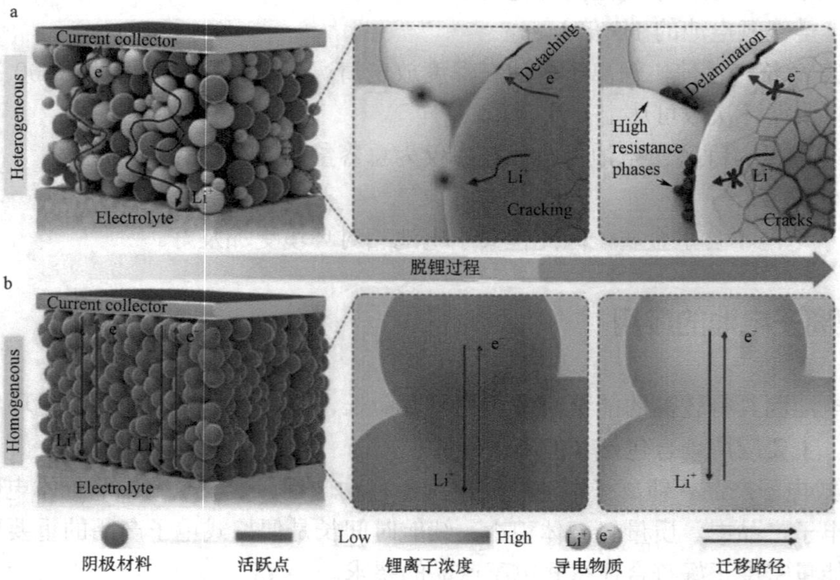

图 2–20　新型固态锂电池正极结构模型

与传统材料相比，该材料具有能量密度高、电导率高、使用寿命长等优势。

1. 能量密度高。目前锂离子电池的能量密度大约为150～250 Wh/kg，而使用新材料的全固态锂电池的能量密度达到390 Wh/kg。

2. 电导率高。新研发出的正极材料具备高离子电导率、高电子电导率，比传统的电池材料（层状氧化物正极材料）高出1000倍以上，高电导率能够显著提升电池的整体性能。

3. 使用寿命长。使用该材料的全固态锂电池可以实现大于10 000次的循环充放电，电池在经过5 000次循环充电后，仍能保持80%的初始容量，其循环寿命远高于当前的锂离子电池。

4.放电比容量高。新材料的放电比容量可达到250 mAh/g，超过了目前使用的高镍正极材料。在相同的质量或体积下，新材料的电池能够存储更多的电能。

5. 体积变化低。在充放电过程中，新材料的体积变化仅为 1.2%，远低于传统材料（层状氧化物正极材料）的 50%，这种微小的体积变化有助于维持电池结构的稳定性，从而延长电池的使用寿命。

这一研究成果对能量密度高、使用寿命长的新型锂离子电池的开发具有重要意义，为新能源汽车、便携式电子产品、电网储能、科研及工业装备等的续航能力、安全性提供了技术支撑。

任务五　燃料电池

知识目标

1. 掌握燃料电池的基本结构。
2. 掌握燃料电池的工作原理。
3. 理解燃料电池的特点。
4. 了解燃料电池的应用。

素养目标

1. 领悟科技创新的重要性。
2. 培养严谨细致的工作作风。

任务导入

2022 年北京冬奥会坚持走绿色、低碳、可持续发展之路，在交通上共计投入 816 辆燃料电池汽车。燃料电池汽车与其他新能源汽车相比具有哪些优点？工作原理又是什么？对于燃料电池你了解多少？

理论知识

燃料电池是将燃料与氧化剂的化学能直接转换为电能的装置，因为卡诺循环效应对其没有限制，所以效率较高。同时燃料电池在发电过程中几乎不会产生温室气体且电池使用寿命长，因此燃料电池的发展前景十分广阔。

1839 年，威廉·格罗夫（William Robert Grove）在电解硫酸时发现了臭氧和燃料电池的原理。随后，其设计了氢氧燃料电池，通过电解氢气和氧气产生电流。这些早期的研究为燃料电池的发展奠定了基础。与传统蓄电池相比，燃料电池能量转换效率可高达 50%～60%，且体积小、质量轻，副产物水还可以饮用。

根据所使用的电解质不同，燃料电池可分为碱性燃料电池（AFC）、磷酸燃料电池（PAFC）、熔融碳酸盐燃料电池（MCFC）、固体氧化物燃料电池（SOFC）、质子交换膜燃料电池（PEMFC）等。目前，在新能源汽车上普遍使用以氢气作为燃料，以氧气（空气）作为氧化剂的质子交换膜燃料电池。

一、燃料电池的原理和结构

1. 燃料电池工作原理

和其他电池的组成一样，燃料电池也是由正极、负极和电解质组成，燃料电池的工作原理是将氢气送到燃料电池的阳极板（负极），经过催化剂（铂）的作用，氢原子中的一个电子被分离出来，失去电子的氢离子（质子）穿过质子交换膜，到达燃料电池阴极板（正极），而电子是不能通过质子交换膜的，这个电子只能经过外部电路，到达燃料电池阴极板，从而在外电路中产生电流。电子到达阴极板后，与氧原子和氢离子重新结合为水。如图 2–21 所示。

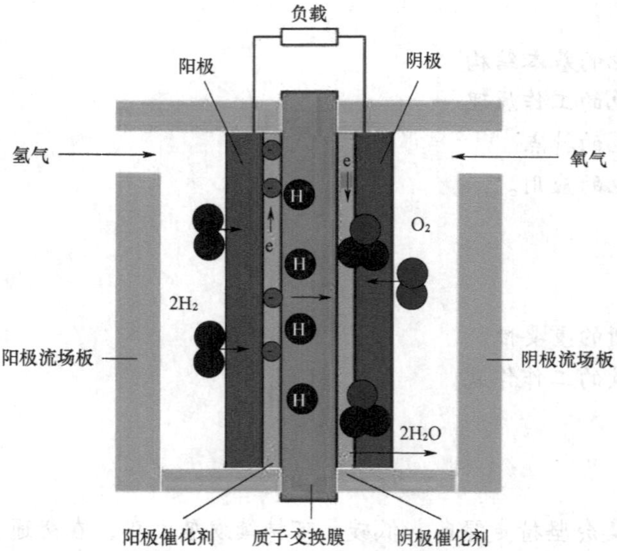

图 2–21　燃料电池基本原理图

具体反应过程及方程式如下：

氢气通过管道或导气板到达阳极，在阳极催化剂的作用下，1 个氢分子解离为 2 个氢质子，并释放出 2 个电子。阳极反应为：

$$H_2 \rightarrow 2H^+ + 2e^-$$

在电池的另一端，氧气（空气）通过管道或导气板到达阴极，在阴极催化剂的作用下，氧分子和氢离子与通过外电路到达阴极的电子发生反应生成水。阴极反应为：

$$\frac{1}{2}O_2 + 2H^+ + 2e^- \rightarrow H_2O$$

电子在外电路形成直流电。因此，只要源源不断地向燃料电池阳极和阴极供给氢气和氧气，就可以向外电路的负载连续地输出电能。

由上述可知，燃料电池在工作过程中，只要不断地向阴极供给氧气（可从空气中获取），向阳极供给氢气，燃料电池就能够不断对外提供电能。与其他储能型电池不同的是，储能型电池需要充电，将电能转换为化学能存储起来，在对外放电时再将化学能转换为电能；而燃料电池更像一个“发电站”，只要源源不断地供应燃料和氧化剂就能持续产生电能。

2. 燃料电池结构组成

燃料电池作为一个发电系统（如图 2-22 所示），该系统主要由燃料电池电堆、燃料供应子系统、氧化剂供应子系统、水管理系统、热管理系统、电力变换系统和系统控制模块等部分组成。

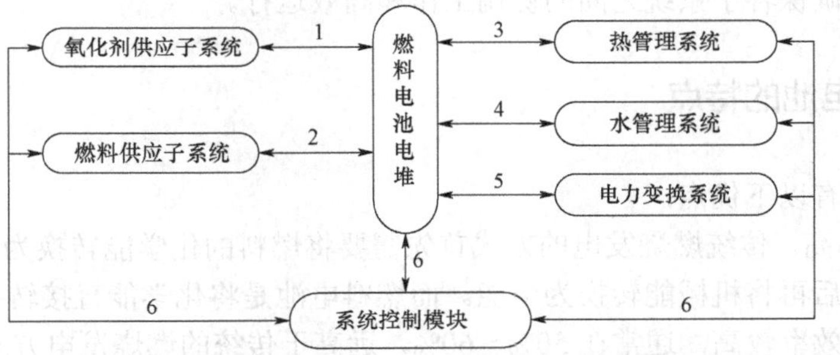

1—空气回路；2—氢气回路；3—冷却回路；4—水回路；5—功率回路；6—信号回路

图 2-22　燃料电池基本结构组成

（1）燃料电池电堆。燃料电池电堆是整个燃料电池系统的核心部分，负责将化学能转换为电能。由于燃料电池单体的电压一般在 0.5～1.2 V，电压较低，为了产生足够高的电压，需要将多个单体电池以串联方式层叠组合形成电池组，将双极板与膜电极三合一组件交替叠合，各单体电池之间嵌入密封件，经前、后端板压紧后用螺杆紧固住，就组成了质子交换膜燃料电池电堆。

（2）燃料供应子系统。燃料供应子系统的主要作用是将由储氢罐出来的氢气进行一定的处理，转化成适用于燃料电池电堆内化学反应的气体（流量、压力、温度、湿度等），经过氢气供给系统的处理，让燃料电池电堆处于合适的工作条件。燃料供应子系统由储氢罐、氢气喷射器、氢气循环泵等部分组成。储氢罐用于储存高压氢气；氢气喷射器用于控制进入燃料电池堆的氢气压力及流量，并根据工况需求进行相应调整；氢气循环泵则负责回收电堆反应后剩余的氢气，提高氢气的能源利用率。

（3）氧化剂供应子系统。氧化剂供应子系统主要由空气滤清器、空气压缩机、中冷器等组成，其主要任务是对进入燃料电池的空气进行过滤、增湿、压力调节等处理，确保燃料电池电堆阴极侧的温度、湿度、压力及流量保持在最佳范围内，从而防止氧气的供应不足。

（4）水管理系统。水管理系统的核心任务是使膜电极（MEA）中具有合理的水含量，以保证氢离子能够良好地在膜中传导。如果质子膜内的水含量较少，便会导致质子传导受阻，造成欧姆极化过电位增大，极易引发膜干涸现象。但是电堆内的水也不能过多，否则易造成阴极淹没，导致反应气的传输受阻，增加了电堆的活化极化过电位与浓差极化过电位。

（5）热管理系统。热管理的核心任务是将燃料电池的工作温度控制在 80 ℃左右的安全合理范围。如果工作温度过低，电堆的活化极化损失会增强，导致电堆的性能变差；如果工作温度过高，易导致膜水干，使欧姆极化损失加大，导致电堆性能下降。

（6）电力变换系统。燃料电池所产生的电能为直流电，且需要其输出电压能够随负载的变化而变化。为了满足负载对交流供电电压和稳定性方面的要求，需要利用电力变换系统将直流电变成交流电。当负载为直流电时，需要使用 DC/DC 变换器对输出的直流电进行升压和稳压。

（7）系统控制模块。燃料电池系统控制模块利用各传感器获取各子系统数据信息，将相关数据送至系统控制模块进行处理、运算，用于适时监测燃料电池系统的运行状态，同时输出相应控制指令确保各子系统之间的协调工作和高效运行。

二、燃料电池的特点

燃料电池具有以下优点：

1. 转换效率高。传统燃烧发电的方式首先需要将燃料的化学能转换为热能，再将热能转换为机械能，最后再将机械能转换为电能。而燃料电池是将化学能直接转换为电能的，所以燃料电池的转换效率较高，通常在 50%～60%，远高于传统的燃烧发电方式。

2. 环境友好。燃料电池在工作过程中只会产生水和热量，没有温室气体和其他污染物的排放，因此具有清洁环保的优点。

3. 运行噪声低。氢燃料电池运行安静，噪声只有 55 dB 左右，相当于正常通话的水平。

4. 持续发电能力强。只要持续供应燃料和氧化剂，燃料电池就能持续向外提供电力供应，且在新能源汽车上氢燃料电池加氢过程只需几分钟即可完成。与纯电动汽车相比，氢燃料电池在续航能力方面具有巨大优势。

但是，燃料电池在实际应用时还存在以下几方面的问题：

1. 燃料电池的成本问题。目前主要使用的氢燃料电池的核心部件是质子交换膜，对电池性能起着关键作用。质子交换膜在其制造过程中需要使用贵金属铂，因此燃料电池制造成本较高。

2. 氢燃料的生产问题。无论采用电解水制备氢气，还是采用甲烷气体裂解制备氢气，在生产过程中都会消耗大量的电能。

3. 氢燃料的储运问题。氢分子能进入大多数的金属晶格中造成氢脆现象，在内部残余或外加的应力作用下导致材料脆化甚至开裂，易造成严重的安全事故。氢是一种极易燃易爆气体，这些特点都会使氢气的储运存在问题。

4. 基础设施的建设问题。要想普及氢燃料电池汽车，就需要加强加氢站等基础设施的建设，才能满足用户需求。

三、燃料电池的应用

1. 燃料电池汽车

燃料电池汽车与纯电动汽车工作原理相似，只是用燃料电池系统替代了纯电动汽车上的动力电池组。在纯电动汽车上是利用动力电池组来储存电能，而燃料电池更像一个小型“车载发电站”，依靠安装在车上的储氢罐给燃料电池供给氢气，同时燃料电池从空气中获取氧气，利用燃料电池电堆不断产生电能，经过电力变换系统与电机控制器，得到适合当前车辆行驶需要的交流电，驱动电动机实现车辆运行。如图 2–23 所示。

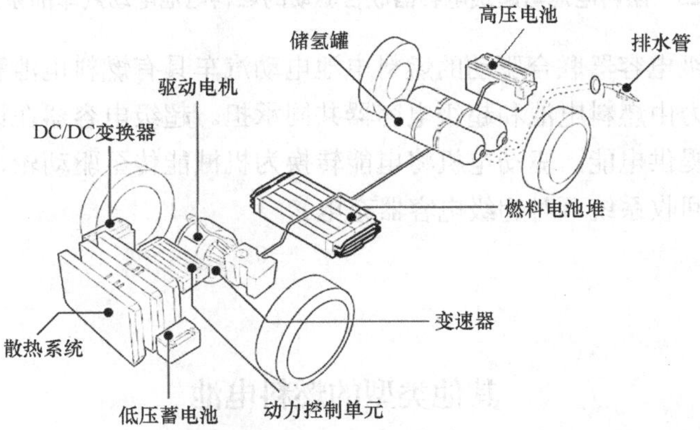

图 2–23　燃料电池汽车组成

上汽大通 MAXUS MIFA 氢（如图 2–24 所示）是上汽捷氢科技于 2021 年推出的一款 MPV 车型。大通 MAXUS MIFA 氢采用的是捷氢启源 M4H 燃料电池电堆，完全自主设计开发，44 个一级零部件全部实现国产化，自主化程度和国产化率均达到 100%。MIFA 氢采用 130 kW 电池堆与 70 MPa 储氢系统，匹配高性能三合一电桥，并且仅需 3 min 即可加满 70 MPa 高压氢瓶，续航里程可达 605 km，百公里氢耗仅 1.18 kg。

图 2–24　上汽大通 MAXUS MIFA 氢

2. 燃料电池与超级电容器联合驱动的燃料电池电动汽车（FCEV）

燃料电池与超级电容器联合驱动的燃料电池电动汽车的系统结构如图 2–25 所示。

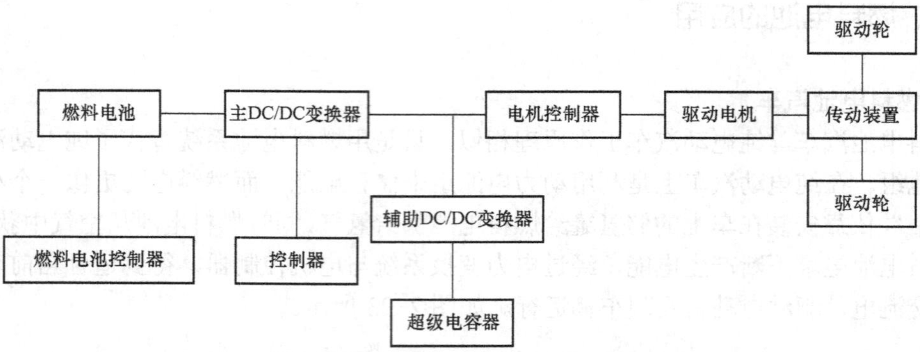

图 2-25　燃料电池与超级电容器联合驱动的燃料电池电动汽车的系统结构

燃料电池与超级电容器联合驱动的燃料电池电动汽车具有燃料电池和超级电容器两个动力源，汽车所需动力由燃料电池和超级电容器共同承担。超级电容器在该系统中是和燃料电池一起为驱动电机提供电能，驱动电机将电能转换为机械能传至驱动轮，驱动车辆行驶。在汽车制动时，能量回收系统可对超级电容器充电。

知识拓展

其他类型的燃料电池

除了任务五中所介绍的典型燃料电池——质子交换膜燃料电池外，还有其他一些类型的燃料电池。

1. 熔融碳酸盐燃料电池（MCFC）。MCFC 是采用多孔金属阳极、多孔陶瓷阴极、多孔陶瓷电解质隔膜以及金属极板构成的燃料电池。使用熔融态碳酸盐作为电解质，通常包括氢气、煤气、天然气和生物燃料等多种燃料。MCFC 具有效率高、噪声低、无污染等特点，但电池结构较为复杂。

2. 磷酸燃料电池（PAFC）。使用磷酸作为电解质，通过天然气和液化石油气等燃料与空气中的氧气发生反应产生电能。PAFC 的效率较高，适合城市燃料电池发电站等应用。

3. 碱性燃料电池（AFC）。使用碱性溶液（如 KOH）作为电解质，工作温度一般在 80 ℃左右。AFC 具有较高的效率和低成本，但对燃料质量要求较高，是目前技术最成熟的燃料电池。

4. 固体氧化物燃料电池（SOFC）。使用固体氧化物作为电解质，是一种在中高温（工作温度在 800～1 000 ℃，属于高温燃料电池）条件下直接将储存在燃料和氧化剂中的化学能高效转换为电能，再高效输出的全固态化学发电装置。SOFC 具有效率高、寿命长、燃料多样性、绿色环保等优点，适合大型发电站等应用。

任务六　物理电池

知识目标

1. 掌握超级电容器的基本结构。
2. 掌握超级电容器的储能原理。
3. 了解超级电容器的特点。
4. 掌握飞轮电池的基本结构。
5. 掌握飞轮电池的储能原理。
6. 了解飞轮电池的特点。

素养目标

拓展思维，培养创新精神。

任务导入

化学电池在充放电的过程中需要进行电化学反应，因此存在充电速度较慢，放电电流不能过大的限制。同时，化学电池还存在循环寿命短、对环境有一定的污染等问题。针对化学电池所存在的问题，有没有其他的储能装置予以解决，本节课我们将学习一些典型的物理电池。

理论知识

常用的储能装置除了前面介绍的铅酸蓄电池、镍氢电池、锂离子电池和燃料电池等化学电池外，还有一类属于物理电池。本任务将介绍常见的两种物理电池：超级电容器和飞轮电池。

一、超级电容器

普通电容器由两块彼此绝缘且相互平行的金属极板组成，在两块金属极板之间有绝缘材料对金属板进行隔离。在电容的两块金属极板之间加上电压时，电容器就会储存电荷。电容器能够存储的能量计算公式：

$$E=\frac{\varepsilon SU^2}{2d} \tag{2-1}$$

式中：U——电容两极板间的电压；

ε——绝缘介质介电常数；

S——电容极板正对面积；

d——电容极板间距离。

由上式可知，为了提高普通电容器储存电荷的能力，可以通过提高两极板间的电压，增大极板的正对面积，减小极板间的距离来实现。但是，通过这些途径提高电容器储电能力的空间有限。早在 1879 年 Helmholtz 发现了电化学界面的双电层电容性质；直到 1979 年 NEC 公司开始生产超级电容器（super capacitor），开始了电化学电容器的大规模商业应用。超级电容器（如图 2–26 所示）是在普通电容器的基础上通过在两极板之间添加电解质来

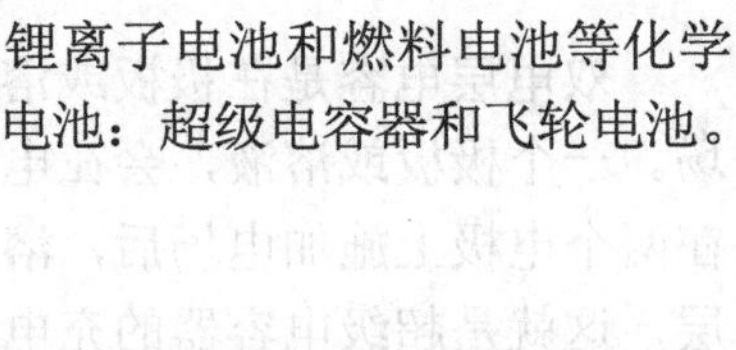

图 2–26　超级电容器

实现储电能力的大幅提升。

1. 双电层超级电容器的结构与原理

超级电容器具有正、负两个电极，电极采用多孔碳基材料制造，工作原理如图 2–27 所示。多孔碳基材料具有比表面积大的特点，这一特点使其在单位质量上拥有更大的表面积，从而能够存储更多的静电。在两个相对的多孔碳基极板之间填充电解质，电解质有水性电解质和有机电解质两种。水性电解质分为酸性电解质、碱性电解质和中性电解质。酸性电解质一般用 36%的 H_2SO_4 的水溶液；碱性电解质有 KOH、NaOH 等水溶液；中性电解质一般以水作为溶剂，KCl、NaCl 等盐配制。有机电解质通常用锂盐、季铵盐等作为电解质，有时根据需要添加 PC、ACN 等作为溶剂。

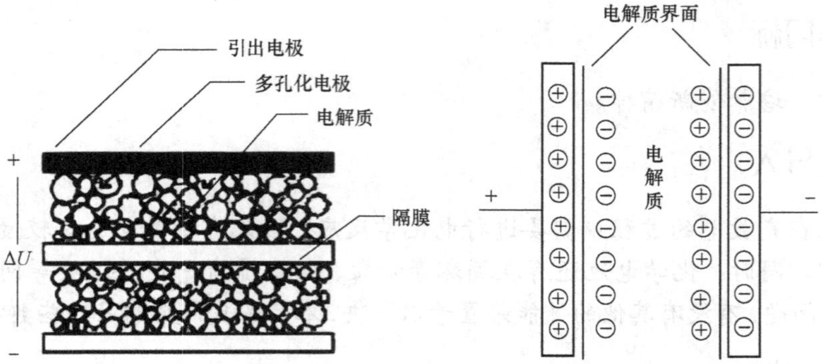

图 2–27 超级电容器工作原理

双电层电容是在极板或溶液界面通过电子或离子的定向排列造成等量电荷的对峙形成电场。一个极板或溶液，会在电子导电的电极和离子导电的电解质溶液界面上形成双电层。当在两个电极上施加电场后，溶液中的阴、阳离子分别向正、负极迁移，在电极表面形成双电层，这就是超级电容器的充电过程；充电完成后，正、负极板上的电荷与溶液中极性相反的电荷相吸引而使双电层稳定，从而在正、负极之间产生相对稳定的电位差。放电时，因电极上的电荷发生迁移而在外电路产生电流，电极上的电荷迁移到溶液中呈电中性。

2. 超级电容器的特点

超级电容器作为一种较先进的储能装置，具有以下优点：

（1）功率密度高。超级电容器具有极高的功率密度，可达 10 kW/kg，甚至更高，是目前较先进的锂离子电池功率密度的 20 倍。

（2）循环寿命长。由于超级电容器是物理电池，储存的是物理电荷，与化学电池在充放电过程中需要电化学反应完全不同，超级电容器的充放电过程几乎是完全可逆的，因此使用寿命极长。超级电容器可以承受 50 万次以上的充放电循环，远高于锂离子电池的 2 000 次循环寿命。

（3）充放电性能好。超级电容器通过电极表面形成的双电层或法拉第准电容效应来储存电荷，这一过程不涉及化学反应。没有电化学反应产生的阻抗，充电时可直接加载电荷，因此超级电容器充电速度很快，可以在几十秒到几分钟内完成充电和放电，这种快速的充放电使得超级电容器在需要短时间内快速补充能量的应用中起到重要作用。

（4）工作温度范围宽。超级电容器可以在极端温度条件下正常工作，一般范围为−40～+70 ℃。

（5）绿色环保。超级电容器在生产制造、使用及回收利用全寿命阶段都没有污染，是一种绿色环保的储能装置。

（6）安全性好。相比锂电池，超级电容器在过充、过放、高温条件下的安全性更高，不易发生起火和爆炸。

超级电容器的缺点：

（1）电解质易泄漏。超级电容器因安装位置不合理或者使用不当时，容易引起电解质泄漏等问题，破坏电容器的结构，导致超级电容器的储电能力衰减。

（2）超级电容器仅限于直流电路的使用。这是由于与铝电解电容器相比，超级电容器的内阻更大，不适合交流电路的运行要求。

（3）能量密度不高。目前，商用的超级电容器的能量密度一般在 5～20 Wh/kg，锂离子电池的能量密度普遍介于 100～150 Wh/kg。因此，对于续航能力要求较高的电动汽车，如果选择超级电容器作为储能元件还存在巨大困难。

（4）自放电率高。超级电容器的自放电率远高于普通化学电池，其半个月自放电率最高可达 50%以上。

3. 超级电容器的应用

由于超级电容器存在一些其他化学电池不可比拟的优点，因此某些使用场景下超级电容器有一些典型应用。

（1）超级电容器大巴。早在 2010 年上海世博会上，超级电容器大巴就被大规模使用。超级电容器充放电快、功率密度高、循环寿命长，大巴到达每一站点即对超级电容器进行补能，较好地弥补了超级电容器能量密度低的不足。

（2）渡轮。2022 年 10 月，航行于长兴岛和横沙岛两岛渡口之间的超级电容动力船舶“新生态”号投入使用。“新生态”号充电 15 min 能航行 1 h，每年能够节省燃油 500 t 左右，可同时容纳 165 名乘客和 30 辆家用轿车。“新生态”号总长 65 m，型宽 14.5 m，型深 4.3 m，是目前为止世界上最大的配备有全回转推进器和超级电容动力的车客渡船，输出功率 2 000 kW，航速 12 节，从长兴岛摆渡到横沙岛仅需 10 min 左右，且航行时比普通柴油船要安静得多。

（3）能量回收系统。利用超级电容器的快速充电特性可以在电动汽车能量回收系统、电梯空载能量回收等场合使用。

（4）医疗设备。超级电容器在医疗设备中广泛应用，尤其是高功率模组，如 MRI、X 光机等。超级电容器的应用，使得医疗设备能够在需要大电流放电的场合中稳定运行，如配合电池使用，提供瞬时的大功率输出。

（5）电动工具。超级电容器因其低阻抗特性，特别适用于需要快速充放电的高功率电动工具。

二、飞轮电池

飞轮作为储能元件的应用可以追溯到 19 世纪中期，当时英国物理学家 W.Thomson 提出了利用旋转惯性来存储能量的概念。到了 20 世纪 80 年代，飞轮储能系统开始应用于平衡电力系统的负荷和电源之间的差异，以及提供突发电力需求的支持等。近年来，随着对清洁能源和可持续发展的要求越来越高，飞轮储能系统逐渐成为储能领域的热点技术之一，其应用领域也越来越广泛。

1. 飞轮电池的储能原理

飞轮电池的储能核心是基于高速旋转的飞轮可以储存动能的原理。飞轮电池储存动能的计算公式：

$$E=\frac{mr^2\omega^2}{2} \tag{2-2}$$

式中：m——飞轮质量；

r——飞轮半径；

ω——旋转角速度。

由上式可知，飞轮能够储存的动能多少与飞轮的质量、飞轮的尺寸以及飞轮的旋转角速度相关。但是飞轮的质量过大会增加机械质量，会对用于支承飞轮的轴承产生过大负载，导致轴承寿命缩短，同时过大的飞轮质量会因为惯性增加，使飞轮加速困难。增大飞轮尺寸会导致飞轮电池的安装和布置困难。因此，在合理增加飞轮的质量、尺寸的同时，还要尽可能地提高飞轮的转速，以提高飞轮电池的能量储存能力。

图 2–28 所示为飞轮电池的基本工作原理。充电过程：将电能输入到电动机，利用电动机带动飞轮高速旋转；储能过程：高速旋转的飞轮通过动能的形式将电能存储；放电过程：通过高速旋转的飞轮驱动发电机发电，向外输出电能。飞轮电池的工作过程实际是将电能转换为动能进行储存，再将动能转换为电能输出。

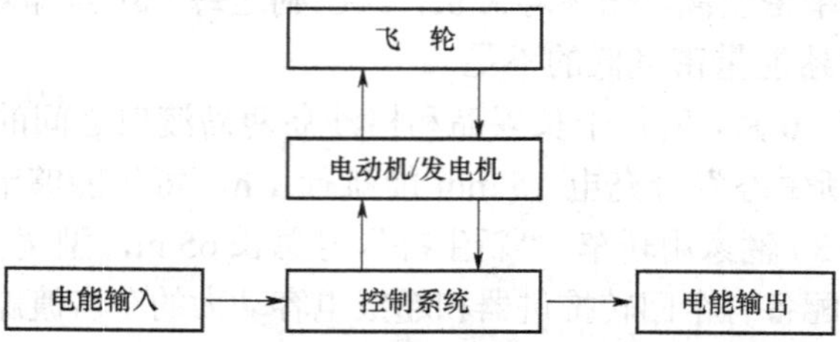

图 2–28 飞轮电池工作原理

2. 飞轮电池的结构

飞轮电池的基本结构包括飞轮、轴承、电机、真空室和电力电子装置，如图 2–29 所示。

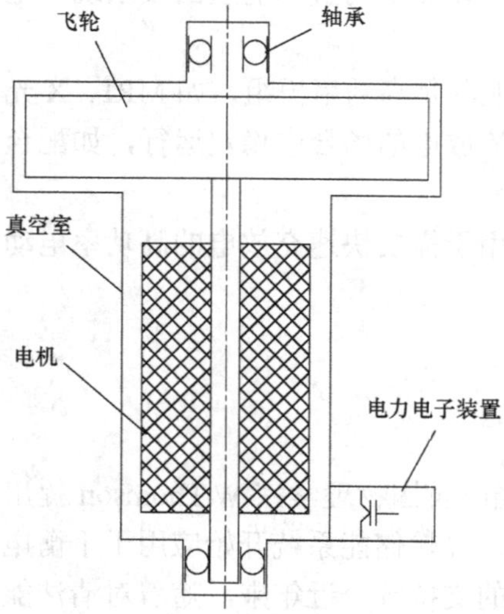

图 2–29 飞轮电池基本结构

1）飞轮

飞轮是飞轮电池的核心部件。由前述内容可知，飞轮直接影响储能装置的储能能力。为减少飞轮在高速旋转时的阻力，飞轮置于真空壳体内，飞轮转速可达到 50 000 r/min，一般金属制造的飞轮无法承受如此高的转速，因为在离心力的作用下飞轮将发生解体，造成设备损坏和安全事故。如果采用高强度、低密度的复合材料，能储存更多的能量。目前选用的碳纤维复合材料，其轮缘线速度可达 1 000 m/s，正是由于高强度复合材料的问世，飞轮储能才进入实用阶段。

2）电机

电机是飞轮电池中机械能和电能相互转换的关键部件。在充电时将电能转换为机械能，带动飞轮高速旋转，利用高速旋转的飞轮储存能量。在放电时将机械能转换为电能，通过飞轮带动发电机发电。由于飞轮的能量输入和输出不是同时工作的，为了使电池结构更加紧凑，因此在飞轮电池中通常将发电机和电动机集成，用一台电机实现不同功用。

3）轴承

为提高飞轮电池的能量转换效率，需要保持飞轮的高速旋转状态，为减小旋转部件支承系统的摩擦力，在飞轮电池系统中会选用摩擦阻力极小的磁悬浮轴承。磁悬浮轴承能够实现旋转组件无接触支承，极大地提高了效率和延长了使用寿命。

4）真空室

为维持飞轮电池旋转组件的运动状态，降低旋转时的空气阻力，飞轮电池旋转部件都会安装在一个坚固的壳体内——真空室。真空环境虽然能够降低空气阻力，但是稀薄的气体环境使系统散热功能减弱，导致转子的温度极易升高。

5）电力电子装置

电力电子装置是由 IGBT 和 MOSFET 组成的双向逆变器。双向逆变器能够实现 AC、DC 的相互变换，在电池充电时，电力电子装置把电网或能量回收的交流电转变为直流电以驱动电机；在电池放电时，把电机输出的直流电转变为不同电压、频率的交流电，以满足负载的需要。

3. 飞轮电池的特点

飞轮电池的优点：

（1）功率密度高。飞轮电池的功率密度可达 5～10 kW/kg，高于一般的化学电池。功率密度高意味着短时间内飞轮电池能够输出足够大的功率，这对于汽车的瞬时加速至关重要。

（2）能量转换效率高。飞轮电池通过使用磁悬浮轴承、真空室等技术，大大减小了旋转部件的阻力，使得飞轮电池的输入或输出的转换效率达到 95%。

（3）充放电速度快。飞轮电池能够在十几分钟，甚至几分钟内完成充电。

（4）寿命长和维护成本低。由于飞轮电池使用过程中不涉及化学反应，损耗小、寿命长，一般可达 20 年以上。飞轮电池几乎不需要维护，其维护成本较低。

（5）环境友好。飞轮电池使用过程中无有害物质产生，在使用寿命终止后，能够全部回收利用，是一种绿色环保的储能系统。

（6）工作温度范围宽。相对于其他类型的储能电池，飞轮电池对工作环境几乎没有严格要求。

（7）应用场景广泛。飞轮电池在新能源汽车、电网、UPS 电源等场合都被广泛应用。

飞轮电池的缺点：

（1）技术要求高。飞轮电池的一些关键部件涉及磁悬浮技术、高强度复合材料技术、集成式高速电机技术，相对技术要求较高。

（2）成本高。因为技术、材料等导致飞轮电池成本较高。

（3）存在一定程度的能量浪费。虽然采用了多种技术以降低飞轮电池飞轮旋转时的阻力，但是充电完成后处于搁置状态的转子不可避免地会降低转速，导致飞轮能够输出的能量下降，从而造成能量浪费。

4. 飞轮电池的应用

（1）交通运输行业。飞轮电池具有快速充放电、功率密度高、维护成本低、寿命长等优点，非常适合车辆使用。早在20世纪80年代初，瑞士Oerlikon工程公司曾成功研制完全由飞轮电池驱动的公共汽车，实现了通过此技术达到节能和减排的目的。

（2）不间断电源系统。磁悬浮飞轮储能UPS电源系统利用物理储能方式代替了传统蓄电池的化学储能方式，为供电瞬间断电或停电需启动后备发电机之前提供所需的过渡能源，具有高能效、高可靠性和环保等特性。

（3）航空航天领域。飞轮电池具有功率密度高和寿命长的特点，可以为航空器、航天器提供动力，以及为航空器、航天器上的各种电子设备提供电能。

知识拓展

生物电池

生物电池又称微生物燃料电池，是一种利用微生物将化学能转换为电能的装置。生物电池的工作原理类似于传统电池，都是通过氧化还原反应转换成电能。与传统化学电池不同的是，生物电池是利用微生物作为催化剂来促进反应的进行。微生物会在阳极处生长形成生物膜，这个膜能够将底物中的电子送至阳极表面。然后，电子离开了阳极，并穿过外部电路到达阴极。在那里，电子与氧气结合产生水，完成电化学反应。

生物电池技术的成熟和成本的降低，将推动生物电池的多领域应用。尤其是在一些偏远地区或特殊应用场景，如户外野营、远程地区和灾难区域等，生物电池因其体积小、质量轻、可移动性强等特点，有望发挥重要作用。

除了在能源领域有所应用外，生物电池还可以应用于环境治理领域，如废水处理、土壤修复等。生物电池发展的重要方向是环保和可持续发展。生物电池作为一种可再生能源技术，能够有效利用生物质废弃物进行能源转换，实现资源的有效利用和环境的保护。

任务七　实践训练（二）

实训项目　动力电池包拆装

技能目标

掌握动力电池包的拆装方法。

素养目标

1. 养成严谨细致的工作作风。

2. 树立安全生产的理念。
3. 培育工匠精神。

本项目以大众 ID.4 为例介绍动力电池包拆装的流程。

一、准备工作

1. 个人劳保防护用品准备。穿戴符合要求的工作服、头盔、护目镜和劳保绝缘鞋，佩戴经检查合格的绝缘手套。

2. 场地准备。在工作时要确保场地干燥、清洁、无杂物，工作区域铺设安全绝缘垫，配备干粉灭火器，在工作场地周围设置高压维修安全警示牌。

3. 工具准备。配备相关绝缘维修工具套装、电池托架等。

二、动力电池包拆装注意事项

1. 动力电池包具有高压电，为确保安全，未经允许不得随意进入工作场地，应使用隔离带和安全警示牌。

2. 拆卸盖板前，应清除动力电池包单元盖板区域内的残留水分和杂质。

3. 实施每个步骤之前、之时和之后都应对作业组件仔细进行直观检查，确保与之关联的组件完好无损。

4. 在拔插接件时，应注意不可使用蛮力拉扯导线以免损坏还要特别注意插头应处于解锁状态。在插上插头后，要保证其处于锁止状态，确保连接的可靠性。

5. 在高电压组件、连接件及其附近不要使用带有尖锐刃口、边缘的工具及物体。不允许使用带刃口的刀具切割用于固定高压导线的扎带，避免损坏高压导线的绝缘性能。

6. 在拆卸动力电池包时，与电池包相连的本体模块不可拆卸，避免增加不必要的工作和造成故障。

7. 高电压动力电池包内部有杂物时，在明确原因后，可以使用吸尘器吸取杂物，也可使用酒精和蒸馏水进行清洗。

8. 由于动力电池包采用液冷的方式进行散热，所以在拆卸动力电池包的高低压组件前需要将冷却液排空，避免冷却液进入高低压组件的接口。重新安装前，必须使用规定清洁剂清洁密封垫和密封面（排气单元、高电压插头、12 V 插头、热交换器接口）。

9. 在拆装动力电池包的过程中要仔细检查有无电解质泄漏的情况，发现电解质泄漏要避免皮肤接触电解质，避免吸入电解质蒸汽。如果电解质接触皮肤或眼睛后需立刻用大量清水进行冲洗并就医。对泄漏的电解质要进行收集并作无害化处理。

三、动力电池包拆装流程

在拆卸动力电池包之前应完成以下工作：① 高压中止；② 将动力电池包冷却液释放。

1. 将举升机两侧摆臂调整至车辆两侧支撑点位置，并注意支撑点与电池框架边缘的间距，如图 2–30 所示。

图 2–30　举升车辆

注意：拆卸高压蓄电池后，应确保车内无人。高压蓄电池有助于提高车身整体的刚度，一旦被拆卸，车身有可能因变形而损坏。

2. 拆除 MEB 电池包尾部各插头连接，如图 2–31 所示。

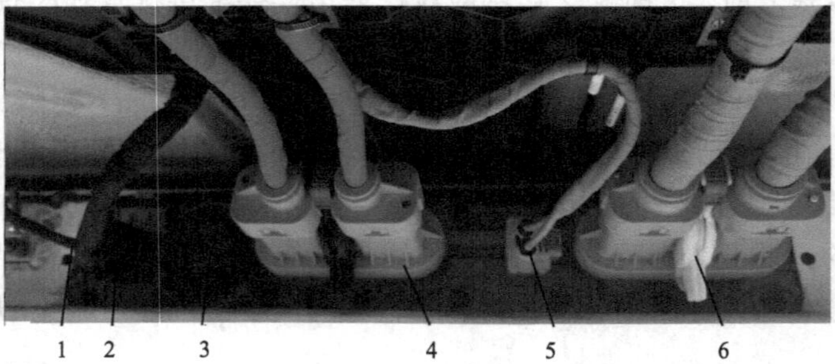

1—搭铁；2—低压电气接头；3—均压元件；4—电机电力和控制电子装置 JX1（AX2-4）；5—电缆接头（AX2-5）；6—充电插座 UX4（AX2-6）

图 2–31　动力电池包线束拆除

（1）解锁辅助用电设备电气插头 AX2–5 的方法（如图 2–32 所示）。

① 将锁止卡扣 1 沿箭头 A 方向推出；

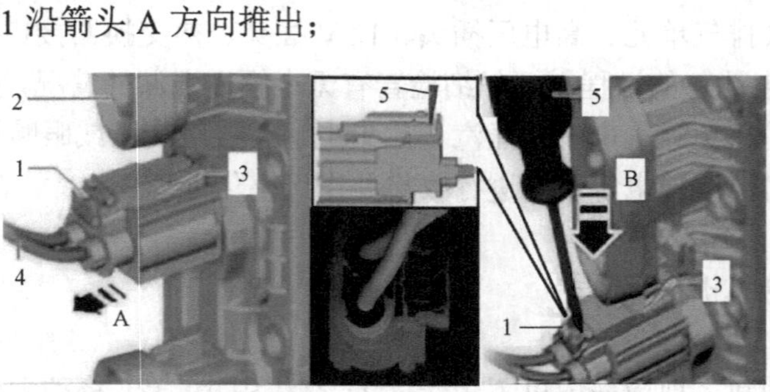

图 2–32　电气插头 AX2–5 分离

② 用合适螺丝刀 5 将锁止卡扣 1 与电气插头 3 之间的锁止装置沿箭头 B 方向按压，同时拔下插头连接。

（2）分离牵引动力输出连接 AX2-4 和 DC 充电连接 AX2-6 的方法（如图 2-33 所示）。

① 用合适螺丝刀 2 沿箭头 A 方向旋转；

② 将锁止卡扣沿 3 推出；

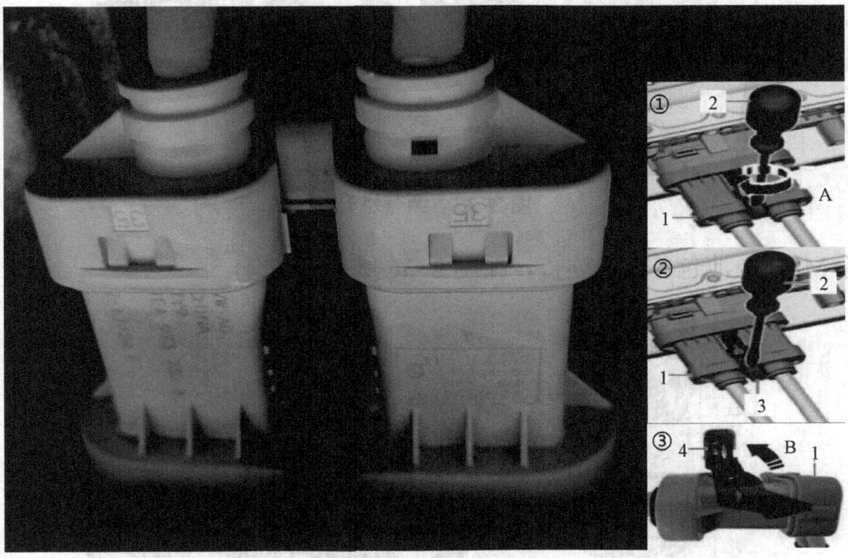

图 2-33 电气插头 AX2-6 分离

③ 将锁止装置 4 沿箭头 B 方向旋转推出，同时拔下插头连接。

3. 检查 MEB 电池包尾部各插头连接。

检查并纠正阀座上的密封（如箭头所示）。检查插头 1 是否受潮，并轻轻擦拭。拧下如图 2-34 所示的螺钉 2 以及位于电池包下壳体上的螺栓。

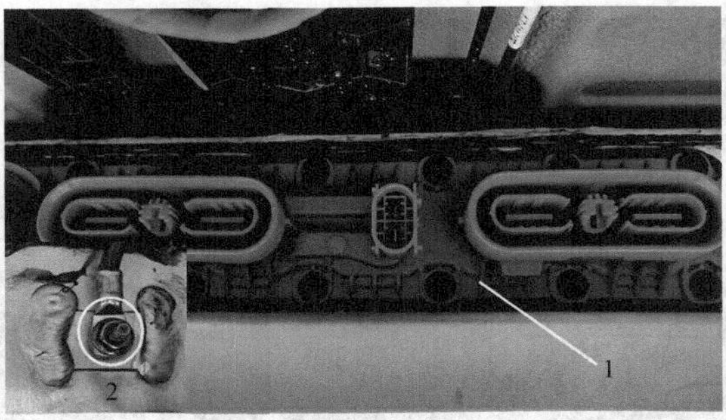

图 2-34 检查插头 1

4. 调整举升机平面，承托动力电池包。

调整举升机，保持平面与动力电池包平面一致，如图 2-35 所示，以便高压蓄电池可以平放至举升机表面，并且举升机前段与动力电池包前段对齐（如箭头所示）。

为了保护动力电池包的安全，应将隔离垫铺设在动力电池包与举升机之间的表面上，图中 2 即为隔离垫。

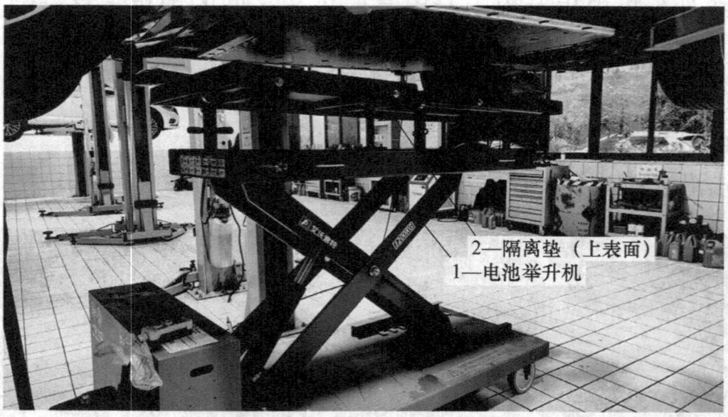

图 2-35　调整举升机

5. 拆除 MEB 电池包各螺栓连接，如图 2-36 所示。

图 2-36　拆除动力电池包螺栓

6. 拆除 MEB 电池包冷却液软管，如图 2-37 所示。

图 2-37　拆卸 MEB 电池包冷却液软管

将举升机下降约 5 cm，动力电池包下移后可以接触到冷却液软管时，举升机停止移动，将冷却液收集盘放在冷却液接口位置。

从高压蓄电池 AX2 上拆下壳体 1，打开冷却液软管，用塞子（VAS6122）将 MEB 电池包冷却液接口堵住。拆除 MEB 电池包冷却液软管连接后，缓慢降下动力电池包即完成动力电池包拆卸。

动力电池包安装时以倒序方式进行。

单元测试

一、填空题

1. ________是指能够将化学能直接转换为电能的基本装置，是构成电池组的最基本单元。

2. 单体电池的组成部分包括______、_______、_______、_______和_______。

3. ________是指电池在某负载下实际的放电电压，通常在一定的范围内。

4. ________是指在一定放电制度下，电池所能输出的电能，单位常用_______表示。

5. ________是指蓄电池放电后剩余容量与全荷电容量的百分比。

6. 铅酸蓄电池的正极活性物质是_______，负极活性物质是________。

7. 镍氢电池采用的正极材料是________，一般使用________作为电解质。

8. 锂离子电池常用的正极材料有_______、________、_________、_________等。

9. 锂离子电池在充电时，电池的______极上有锂离子生成，生成的锂离子经过______运动到_____极。

10. 燃料电池的发电副产物是______，因此燃料电池绿色环保。

11. ________和________都属于物理电池。

12. _______的储能核心是基于高速旋转的飞轮可以储存动能的原理。

二、选择题

1. 通过串联的方式将多个单体电池连接，能够提高电池包的（　　）。

A. 电压　　B. 电流　　C. 容量　　D. SOC

2. 锂离子电池通常使用（　　）电解质。

A. 酸性　　B. 碱性　　C. 中性　　D. 有机

3. 氢燃料电池属于（　　）。

A. 一次电池　　B. 二次电池　　C. 连续电池　　D. 储备电池

4. 容量指电池在充足电以后，在一定的放电条件下所能释放出的电量。对同一支电池而言，下列容量中最大的是（　　）。

A. 理论容量　　B. 实际容量　　C. 标称容量　　D. 额定容量

5. 铅酸蓄电池放电时，电解质的密度会（　　）。

A. 增加　　B. 下降　　C. 不变　　D. 无规律变化

6. 镍氢电池的额定电压为（　　）。

A. 3.7 V　　B. 3.2 V　　C. 2 V　　D. 1.2 V

7. 额定容量为 20 Ah 的锂离子电池以 2C 倍率进行放电，其放电电流为（　　）。

A. 10 A　　B. 20 A　　C. 40 A　　D. 60 A

8. 动力电池的实际容量低于初始额定容量的（　　）时，就不再符合电动汽车的使用标准。

A. 50%　　B. 70%　　C. 80%　　D. 85%

9. 下列电池中，能量密度最高的是（　　）。

A. 铅酸蓄电池　　B. 铅炭电池　　C. 镍氢电池　　D. 锂离子电池

10. 下列电池中，充电速度最快的是（　　）。

A. 铅酸蓄电池　　B. 超级电容器　　C. 镍氢电池　　D. 锂离子电池

三、简答题

1. 电池要将化学能转换为电能必须满足的条件有哪些？

2. 车用动力电池的要求有哪些？

四、课程思政讨论

1800 年，意大利科学家伏打发明了伏打电池；

1836 年，英国科学家丹尼尔发明了丹尼尔电池；

1859 年，法国物理学家普兰特发明了铅酸蓄电池；

1860 年，法国的雷克兰士发明了碳锌电池；

1887 年，英国人赫勒森发明了最早的干电池；

1899 年，瑞典人 Waldmar Jungner 发明了镍镉电池；

1976 年，飞利浦研究中心的科学家 Stanford Ovshinsky 发明了镍氢电池；

1991 年，Sony 公司推出了第一款商业锂离子电池；

……

科技创新是新质生产力的根本推动力。纵观储能电池的两百多年的发展历史，每一次技术发展都推动了社会进步，都极大地满足了当时的社会需求。

请讨论“创新”的重要性，畅谈未来电池新技术对人类生活的改变和影响。

参考答案：

一、填空题

1. 单体电池
2. 正极　负极　电解质　隔膜　外壳
3. 工作电压
4. 能量　瓦时（Wh）
5. 荷电状态（SOC）
6. 二氧化铅　海绵状铅
7. 羟基氧化镍（NiOOH）　氢氧化钾（KOH）
8. 钴酸锂　镍酸锂　锰酸锂　磷酸铁锂
9. 正　电解质　负
10. 水
11. 超级电容器　飞轮电池
12. 飞轮电池

二、选择题

1. A　2. D　3. C　4. A　5. B　6. D　7. C　8. C　9. D　10. B

三、简答题

1. ① 必须将化学反应中失去电子的氧化过程和得到电子的还原过程分别在两个区域完成。② 两个电极必须是离子导电性物质。③ 化学变化过程中电子的传递必须经过外电路。

2. ① 动力电池要有足够的能量和容量。② 长寿命。③ 安全性。④ 宽温度范围。⑤ 由于动力电池组的质量和体积都相对较大，所以在动力电池箱的设计和空间布置等方面都要适应整车空间、前后桥质量分配等要求。⑥ 环保性要求。

四、课程思政讨论

略

项目三

新能源汽车动力电池电源管理系统

任务一　电池管理系统概述

知识目标

1. 理解电池管理系统的工作原理和工作模式。
2. 掌握电池管理系统的基本组成和基本功能。

素养目标

1. 牢固树立爱岗敬业、技能强国的意识。
2. 严格遵守操作规程，培育工匠精神。

任务导入

一辆纯电动汽车，行驶 673 km，在正常行驶过程中，突然报警，中控屏上显示“动力蓄电池故障”，同时动力系统失效。经过技术主管检测确定是电池管理系统（battery management system，BMS）故障，需要更换。针对该故障现象，该如何进行 BMS 的拆装？

理论知识

一、BMS 的工作原理

由于动力电池能量和端电压的限制，纯电动汽车需要使用多个电池进行串联或并联组合。由于动力电池的非线性和时变特性，以及复杂的使用条件和恶劣的环境，因此需要对纯电动汽车中动力电池的使用进行有效的管理，才能确保其在合理的电压、电流和温度范围内运行。对于镍氢电池和锂离子电池，有效的管理尤为重要。如果管理不当，不仅会大大缩短动力电池的使用寿命，还会造成严重的安全事故。因此，电池管理系统已成为电动汽车的必备设备。

典型电池管理系统的工作原理如图 3-1 所示。BMS 由各种传感器、执行器、各种算法的控制器和信号线组成。其主要任务是保证动力电池的安全性和可靠性，为整车控制和能量管理提供必要的状态信息，并在出现异常情况时对动力电池采取适当的干预措施；通过采样电路实时采集动力电池包及各组成单元的端电压、工作电流、温度等信息；利用建立的算法和策略对动力电池包的荷电状态（state-of-charge，SOC）、健康状态（state-of-health，SOH）、功率状态（state-of-power，SOP）和剩余使用寿命（remaining useful life，RUL）进行估算，并将参数输出给电动汽车控制器，为电动汽车的能量管理和功率分配控制提供依据。

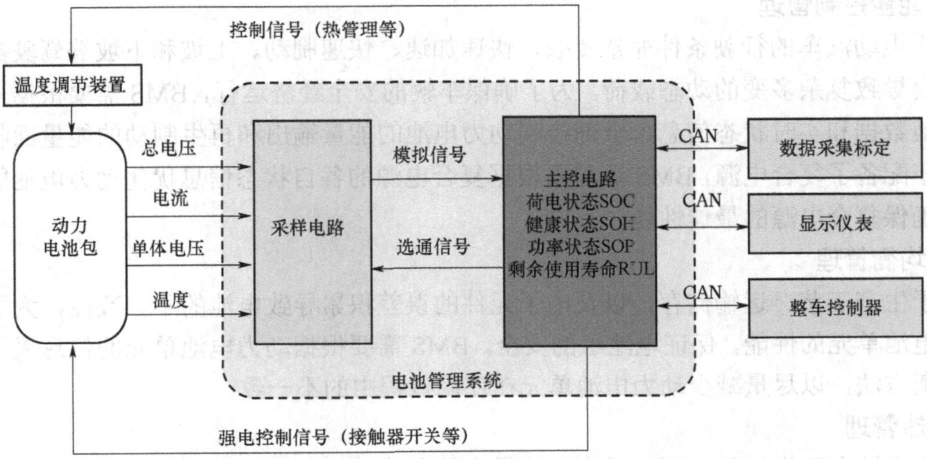

图 3-1　典型电池管理系统的工作原理

二、BMS 的基本功能

BMS 的主要功能有数据采集、状态监测、安全保护、充电控制、能量控制管理、均衡管理、热管理以及信息管理等。

1. 数据采集

动力电池在电动汽车中的工作环境和状况十分复杂，需要常年处于复杂多变的温度环境。此外，随着路况和驾驶方式的不同，动力电池需要不断适应快速变化的负载。为了准确获取动力电池的工作状态，更好地实施管理措施，BMS 需要通过采样电路实时采集动力电池包及各组成单元的端电压、工作电流、温度等信息。

2. 状态监测

动力电池是一个具有多个实时状态变量的复杂非线性时变系统。准确高效地监测动力电池的状态是电池管理系统的关键，也是电动汽车能量管理和控制的基础。因此，BMS 需要使用既定的算法和策略，根据实时采集的动力电池数据来估计电池组的状态，从而获得动力电池在每个时刻的状态信息，包括动力电池的 SOC、SOH、SOP 和能量状态（state-of-energy，SOE）等，为动力电池的实时状态分析提供支持。

3. 安全保护

动力电池安全保护功能主要指动力电池及其成组的在线故障诊断和安全控制。动力电池的在线故障诊断是指利用诊断算法通过采集的传感器信号诊断故障类型。电池管理系统中需要诊断的故障通常包括过电压（过充电）、欠电压（过放电）、烟雾、过电流、超高温、短路故障、接头松动、绝缘能力降低和电解质泄漏，还涉及传感器、执行器和控制器等电子元件的故障。在诊断出故障类型后，BMS 需要进行预警，并采取相应措施及时干预，以确保电动汽车的行驶安全。

4. 充电控制

动力电池的充电过程直接影响电池的寿命和安全性。因此，BMS 通常需要集成充电管理模块，根据动力电池的实时特性、充电器的温度和功率来控制充电器对电池进行安全充电。

5. 能量控制管理

由于电动汽车的行驶条件非常复杂，快速加速、快速制动、上坡和下坡等驾驶操作的随机触发会导致复杂多变的动态载荷。为了确保车辆的安全经济运行，BMS 需要根据采集到的动力电池数据和实时状态信息，合理控制动力电池的能量输出和再生制动的能量回收。如果电动汽车配备了复合电源，BMS 还需要根据复合电源的各自状态信息优化动力电池能量的分配，以确保复合电源的最佳性能。

6. 均衡管理

由于生产工艺、运输储存，以及电子元件的误差积累导致电池的不一致性，为了充分发挥动力电池单元的性能，保证电池组的安全，BMS 需要根据动力电池单元的信息采用主动或被动均衡方法，以尽量减少动力电池单元在使用过程中的不一致。

7. 热管理

动力电池在正常运行时不仅受到环境温度的影响，还受到其自身充放电热量产生的影响。因此，BMS 需要集成电池热管理模块。热管理模块可以根据电池组中的温度分布信息和充放电要求来确定主动加热或冷却的强度，使动力电池尽可能在最合适的温度下工作，充分发挥动力电池的性能，延长动力电池的使用寿命。

8. 信息管理

BMS 需要集成多个功能模块，合理协调模块之间的通信。由于数据量大，BMS 需要处理和过滤动力电池的运行数据，存储关键数据，并保持与车辆控制器等网络节点的通信。随着大数据时代的发展，BMS 还需要与云平台实时交互，更好地处理动力电池的管理，提高管理质量。

三、BMS 的基本组成

不同车型的 BMS 的组成可能会有差异，但通常主要包括以下核心部件，如图 3–2 所示。

（1）动力电池包，即图中的电池包，一般电池包与散热系统集成设计。

（2）动力电池管理系统控制单元（MCU）。

（3）动力电池信号采集模块（BMU），用来监测采集动力电池的电流、电压、电量、温度、高压系统安全性等信号。

（4）整车通信模块。

（5）电池控制模块，该模块控制动力电池的充放电电流、安全系统、热管理系统等。

（6）存储模块，存储动力电池所有工况的控制数据。

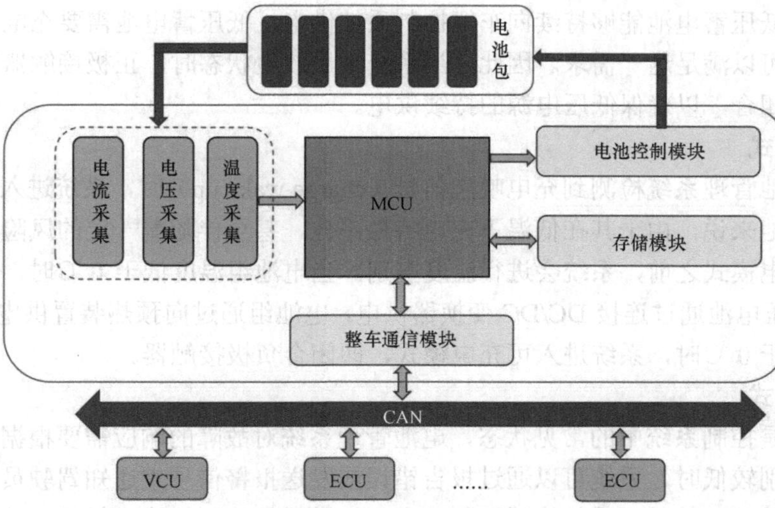

图 3–2　BMS 的组成

（7）传感器与执行器（图 3–2 中未标出），这些部件一般不单独设计，都集成在动力电池包、信号采集模块或控制模块中，如接触器、预充接触器等均集成在动力电池中的高压继电器中。

四、BMS 的工作模式

动力电池信号采集模块（BMU）采集电池单元的电压和温度信息，并通过相应的接口将其传输到高压接触器控制和电流均衡模块。通过控制算法，实现了每个接触器的动作，电池管理系统进入不同的工作模式。电池管理系统通常可以在：断电模式、准备模式、放电模式、充电模式和故障模式五种模式下工作。

1. 断电模式

断电模式是指整个系统的低电压和高电压均不工作的模式。在此模式下，电池管理系统控制的所有高压接触器均处于断开状态，低压控制电源未通电。此模式属于省电模式。

2. 准备模式

在准备模式下，系统的所有接触器都处于未吸合状态，但系统可以随时接收来自外部点火开关、车辆控制器、电机控制器、充电插头开关和其他部件的硬线信号，或由控制器局域网（controller area network，CAN）消息控制的低压信号，驱动和控制高压接触器，使动力电池管理系统进入所需的工作模式。

3. 放电模式

在电池管理系统监测到点火开关的高压信号后，系统首先关闭负极接触器。由于电机是感性负载，为了防止过大的电流冲击，在负极接触器闭合后，闭合预充电接触器进入预充电状态。当预充电电容器两端的电压达到母线电压的 90%时，正极接触器立即闭合，预充电接触器断开，进入放电模式。目前，汽车中常用的低压电源由 12 V 铅酸蓄电池提供，它不仅可以为低压控制系统供电，还可以为动力转向电机、雨刮器电机、安全气囊和后视镜调节电机供电。

为了保证低压蓄电池能够持续向车辆控制系统供电，低压蓄电池需要充电电源，DC/DC 变换器的断开可以满足这一需求。因此，当系统处于放电状态时，正极接触器闭合，DC/DC 变换器接触器闭合，以确保低压电源的持续供电。

4. 充电模式

当动力电池管理系统检测到充电唤醒信号（charge wake up）时，系统进入充电模式。对于磷酸铁锂电池来说，由于其在低温下充电特性不佳，甚至伴随着一定的风险，出于安全考虑，在进入充电模式之前，系统会进行温度鉴别。当电池组温度低于 0 ℃时，系统进入充电预热模式。低压电池通过连接 DC/DC 变换器供电，电池组通过向预热装置供电进行预热。当电池组温度高于 0 ℃时，系统进入可充电模式，即闭合负极接触器。

5. 故障模式

故障模式是控制系统中的常见状态，电池管理系统对故障的响应需要根据故障级别来确定。当故障级别较低时，系统可以通过报告错误或发送报警信号来通知驾驶员。当故障级别较高，甚至伴随着危险时，系统将采取断开高压接触器的控制策略。低压电池是车辆控制系统的供电来源，无论是在充电模式、放电模式还是故障模式下，DC/DC 变换器的闭合都可以使低压电池处于充电模式，从而确保低压控制系统的正常运行。

知识拓展

BMS 的拓扑结构

在设计电动汽车时，通常需要满足某些动态指标，如加速能力、爬坡能力和最高速度。如果只配备一个动力电池单元作为能源，则远远不能满足要求。因此，在工程中，动力电池单元通常通过串联或并联的方式进行连接，以满足车辆设计的技术要求。例如，早期的特斯拉 Model S 电动汽车使用了松下制造的 NCA 系列 18650 镍钴铝三元锂离子动力电池。单节电池的标称容量为 3 100 mAh，整辆车使用了 7 000 多个单体电池组成串、并联组，最后形成了一个动力电池组并放置在车身底板上。面对大规模的电池管理问题，BMS 的拓扑结构非常重要。

BMS 的拓扑结构直接影响系统的成本、可靠性、安装维护的便利性和测量精度。通常，电池监控电路（battery monitoring circuit，BMC）和电池控制单元（battery control unit，BCU）共同构成硬件电路部分。根据 BMC、BCU 和动力电池之间的结构关系，BMS 拓扑结构可分为集中式和分布式。

一、集中式 BMS 拓扑结构

集中式 BMS 拓扑中的 BMC 和 BCU 集成在单个电路板上，实现采集、计算、安全监控、开关管理、充放电控制以及与车辆控制器的通信等功能。它适用于动力电池容量低、总电压低、电池系统小的场合。集中式 BMS 拓扑结构如图 3–3 所示，所有动力电池单元的测量信号都传输到单个电路板。

集中式 BMS 拓扑结构具有以下优点：

（1）高速的板内通信有利于保证数据的同步采集。

（2）结构紧凑，抗干扰能力强。

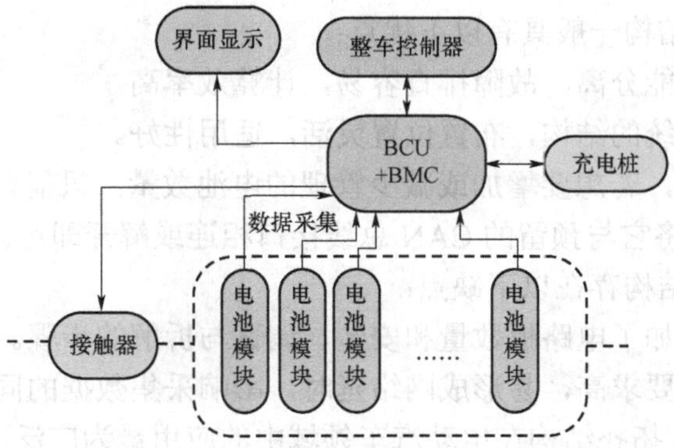

图 3-3　集中式 BMS 拓扑结构

（3）成本较低，仅使用一个封装即可完成 BMS 的全部工作。

集中式 BMS 拓扑结构存在以下缺点：

（1）易造成大量复杂的布线。

（2）当系统的不同部分发生短路和过电流时，难以保护电池系统。

（3）考虑到高压安全问题，不同通道之间必须保留足够的安全间隙，最终导致电路板的尺寸过大。

（4）由于所有的组件都集中在单个电路板上，可扩展性和可维护性差。

二、分布式 BMS 拓扑结构

与集中式 BMS 拓扑不同，分布式 BMS 拓扑中的 BCU 和 BMC 是分开布置的，如图 3-4 所示。BCU 主要负责故障检测、电池状态估计、开关管理、充放电控制以及与车辆控制器的通信。BMC 用于实现电池电压、电流和温度的采集，以及安全性和一致性的管理。BCU 和 BMC 通过 CAN 总线连接，任何 BMC 都可以与 BCU 通信。此外，每个 BMC 电路板属于 CAN 总线的一个节点，并分别连接到相应的动力电池单元。因此，BMC 和 BMC 之间也可以建立通信。

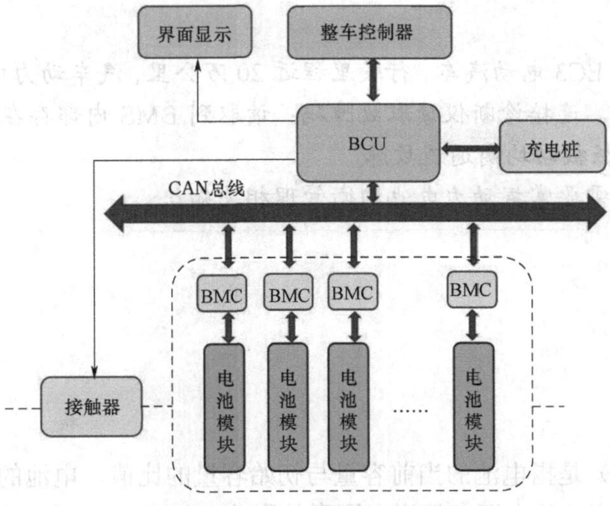

图 3-4　分布式 BMS 拓扑结构

分布式 BMS 拓扑结构一般具有以下优点：

（1）采集与计算功能分离，故障排查容易，计算效率高。

（2）极大简化了系统的结构，布置位置灵活，适用性好。

（3）可扩展性更强，若想要增加或减少管理的电池数量，只需要在相应电池附近布置或移除 BMC 电路板，再将它与预留的 CAN 总线接口相连或解开即可。

分布式 BMS 拓扑结构存在以下缺点：

（1）部件增多，增加了电路板数量和安装、调试与拆解的步骤。

（2）通信网络设计要求高，易形成网络延时，影响采集数据的同步性。

目前，分布式 BMS 拓扑结构在电动汽车领域中的应用最为广泛。例如，特斯拉 Model S、宝马 i3、荣威 eRX5 以及比亚迪秦等商业化电动汽车均采用了这类结构。

任务二　动力电池电量及均衡管理

知识目标

1. 理解动力电池健康状态的衡量参数及其意义。
2. 掌握动力电池均衡管理的目的及方法。

素养目标

1. 培养严谨细致的工作作风，践行勇于创新的工匠精神。
2. 严格遵守操作规程，坚定爱岗敬业的信念。

任务导入

一辆北汽新能源 EC3 电动汽车，行驶里程近 20 万公里，汽车动力电池故障指示灯点亮，且显示动力电池切断。连接诊断仪读取故障码：读取到 BMS 内部存在 P118822 电池单体过压故障，P121674 子板被动均衡通道故障。

分析此类故障，需要掌握动力电池均衡管理相关知识。

理论知识

一、健康状态

健康状态（SOH）是指电池的当前容量与初始容量的比值。电池的健康状态和故障机制非常复杂，受环境温度和放电深度等许多因素的影响。SOH 不仅反映了电池的当前容量，而且反映了电池在使用过程中的容量衰减。

从电池容量衰减的角度，电池健康状态估算的公式为：

$$\mathrm{SOH}=\frac{C_{\mathrm{bat}}}{C_{\mathrm{bat}}^{0}}\times 100\%$$

式中，C_{bat} 为电池的当前容量（Ah），C_{bat}^{0} 为电池的初始容量（Ah）。

准确估算动力电池的 SOH 具有以下意义：

1. 保护动力电池，延长动力电池的使用寿命

单个电池可以提供的功率是有限的，因此在实际使用中，许多电池会串联或并联成组。准确估算每个电池的 SOH 可以避免电池过载，也可以对健康状态达到临界值的电池进行处理或更换，以确保电池组能够在最佳状态下工作，延长整个电池组的使用寿命。

2. 确保安全性和可靠性，预防严重事故的发生

准确估算每个电池的 SOH，然后判断电池组的健康状态，将有助于实时监测整个电池组的运行状态，避免电池过载，确保电气设备在使用过程中的安全性和可靠性，并有助于防止严重事故的发生。

3. 有助于降低维修成本，获取最佳效益

准确估算动力电池的 SOH，可以具体了解每个电池的健康状况，获得每个电池的剩余使用寿命（RUL），指导电池组的维护，降低维护成本，获得最佳经济效益。

当电池的可用容量衰减到一定程度时，就应视为寿命终止。导致电池容量衰减的因素主要有外部使用因素和内部因素两个方面。

1）外部使用因素

动力电池容量衰减的外部使用因素包括温度、充放电方式、放电深度、荷电状态等。温度对动力电池的容量衰减有很大影响。在高温下，电极材料会加速溶解，与电解质的反应会加剧，这会改变材料并导致不可逆的容量损失。动力电池的充放电容量和输出功率在低温下会迅速降低。电池长期使用后，当充满电状态下的电池容量低于额定状态下电池容量的 80% 时，电池已经处于不健康状态，应该更换。

放电深度（DOD）是动力电池释放的容量与其额定容量的百分比，与荷电状态（SOC）之间的关系是 DOD+SOC=1。在电池的循环过程中，不同的 DOD 或 SOC，电池容量衰减的程度不同，电池的寿命也不同。例如，当电池充满电和放完电时，循环寿命仅为 1 000 次左右，但当电池 SOC 在 40%～70%时，循环寿命可达 20 000 次。

2）内部因素

动力电池容量衰减的根本原因是电池内部发生了一系列不可逆的变化。导致容量衰减的内部因素主要包括电极材料结构的变化、活性材料的溶解、内阻的增加等。

在使用过程中，当电池的内阻增加到 125%时，电池开始存在安全隐患；当电池的内阻增加到 150%时，电池开始出现安全问题；当电池的内阻增加到 200%时，电池将失去性能。

充放电过程中使用的电流和充放电结束时的终止电压对电池的容量衰减有一定的影响。较高的充电终止电压和较低的放电终止电压会引起副反应，并在电池内部产生气体，从而影响电池的容量。在恒压充电过程中，如果电极电位长时间保持在终止电压水平，会导致电解质分解、不可逆的化学反应，最终导致动力电池容量衰减。

二、均衡管理

1. 动力电池性能不一致的原因

动力电池性能的不一致性主要表现在三个方面：电压不一致、电流不一致和温度不一致。其中，最重要的原因是温度。通常，当动力电池的环境温度比其最佳工作温度高出10 ℃时，其寿命会缩短一半。由于车辆串联的动力电池数量众多，每个动力电池安装在不同的位置，会有温差，即使在同一个动力电池箱中，也会因为位置和受热不同而出现温差，这个温差会对动力电池的寿命产生显著的负面影响，使得动力电池续航里程下降、循环寿命缩短。

2. 动力电池性能不一致的影响

由于动力电池性能的不一致性，过充电和过放电的动力电池组很可能会导致电解质泄漏，甚至爆炸，造成很大的安全隐患。当动力电池出现不一致时，SOC 将难以估算。在新能源汽车的实际应用中，SOC 的估算是非常重要的，可以用来估算新能源汽车的剩余续航里程，提醒及时充电。

三、均衡方法

动力电池的均衡需要实现以下功能：根据当前 SOC、温度和动力电池健康状况控制放电电流，控制充电过程，包括动力电池平衡充电。动力电池通常由多个串联的单体电池组成，当单体电池成组使用时，很容易使电池过充和过放，造成电池之间的不一致，使得整个电池模块的使用效率降低，影响车辆的性能，危及车辆的安全。

1. 串联电池组中使用的均衡方法

串联电池组中使用的均衡方法有五种：电容均衡、电感均衡、变压器均衡、并联均衡和模块之间的均衡。

1）电容均衡

电容均衡是将一个容量适当的电容器并联到每个单元上，然后用电子开关控制容量高的电芯对电容器充电。电池充满后，通过电子开关切换到低压的电芯充电，反复地来回充电，直到电压一致。电容均衡的优点是均衡过程不产生热量且无升温，均衡功能可以在充电、放电和静止时启动。缺点是在均衡结束时，当两个电芯的电压接近时，均衡时间较长。

2）电感均衡

电感均衡是利用电感升压或降压模式给低压单元充电，可以在充电、放电和静止时保持平衡，并可根据需要调整。均衡电流一般为1～2 A，与电容均衡方式相比，效率有所降低。电感均衡的优点是均衡电流大，均衡效果明显，均衡过程产生的热量可以控制。

3）变压器均衡

变压器均衡是通过使用变压器实现单体电池的能量转换。变压器既作为吸收能量源，又作为释放能量源，吸收与释放能量的转换在于磁能与电能之间的转换。变压器使用 boost 模式或 buck 模式对整个电池组充电。例如，10 组电池中的任何一组电池断开，其余 9 组同时启用均衡功能也可以让车辆正常行驶，直到整个电池组电量耗尽。

4）并联均衡

并联均衡是理想的均衡方法，所有电池具有相同的能量和终端电压。并联电池模块中电芯的电压总是相等的，并联的高电压电池会自动向低电压电池充电。但是，如果要应用于串联电池模块，则需要更改原始电池模块的拓扑结构。

5）模块之间的均衡

基于模块均衡控制的原理，对多个串联电池模块间的电压和电流进行统一的实时动态快速均衡，实时显示电池模块参数和故障报警提示，简化了电池模块本身的设计和维护，降低了电池模块的成本和故障率，提高了电池模块的放电容量以及使用寿命，但模块之间的均衡控制在实际中很少应用。

2. 被动均衡和主动均衡

根据是否有能量损失，动力电池的均衡方法又分为被动均衡和主动均衡。

被动均衡是指在电池组中以较大功率消耗电池能量，直至充电状态达到平均值的均衡电路，也称为能量耗散型均衡。被动均衡一般采用旁路放电电阻实现对高能量的电池放电，使其同模块中具有最小电量的电芯保持一致。该方案结构简单，容易实现，但由于每个电芯并联一个放电电阻，损耗电能并产生热量，对电池系统热管理提出了更高的要求。

主动均衡也称为有源均衡，是指利用电容、电感等储能元件在电池或电池组之间进行能量转移，保持电池组电压一致的均衡电路，因此又称为能量转移均衡。主动均衡主要通过储能元件实现不均衡电池间的能量转移。主动均衡结构复杂，硬件成本高，但其能量利用率较高。根据储能元件不同，主动均衡又可分为电容均衡、变压器均衡和电感均衡等。

被动均衡和主动均衡都是为了消除电池模块的不一致性，但两者的实现原理完全相反，主动均衡是未来发展的方向。

1）被动均衡

被动均衡由于其电路简单、成本低廉等优点，至今仍得到广泛的应用。被动均衡适用于小容量、低串数的锂离子蓄电池组件。根据单组电池的电压数据，高压电池能量通过电阻放电，保持与低压电池相同的状态，最高电压也作为判断的依据进行放电均衡。被动均衡一般是通过电阻放电的方式，使电池以较高的电压放电，以热的形式释放能量，为其他电池争取更多的充电时间，因此整个系统的功率受到容量最小电池的限制。被动均衡电路将能量消耗电路并联到每个电池上，并通过适当的算法对电芯进行过大功率放电，以达到与其他电池平衡的目的。

被动均衡的优点是成本低、电路设计简单。缺点是以电池剩余量最小为基础进行平衡，剩余量较小的电池容量无法提高，均衡过程中释放的热量被浪费。

2）主动均衡

主动均衡是一种高效率、低损耗的功率均衡传输方法，需要与其他电池交换能量。通常，节能元件（如电容器、电感器和变压器，与电源开关、晶体管共同构成电子电路中的基本元素）和其他设备一起使用，以打开新的电流回路。当电池不一致时，储能元件可用于将高电荷电池中的能量转移到低电荷电池中，即实现能量平衡。不同厂家的方法不同，均衡电流也从 1～10 A 不等。

如图 3-5 所示，每六个电池是一组。电感式主动均衡是基于物理转换，集成了电源开关和微电感，采用双向均衡的方法，通过附近或相邻电池间的电荷转移来均衡电池。充电和放电的工作原理分别如图 3-6 和图 3-7 所示。2 号电池将电能转移到 1 号电池和 3 号电池，在充电过程中，有效的电荷转移使三个电池的电压保持在平衡状态，这样所有的电池都能充满电。电池保护板还可以在放电时平衡电池，1 号电池和 3 号电池将电能转移到 2 号电池，这三个电池的电压在平衡状态下放电，这样所有的电池电量都能用光。

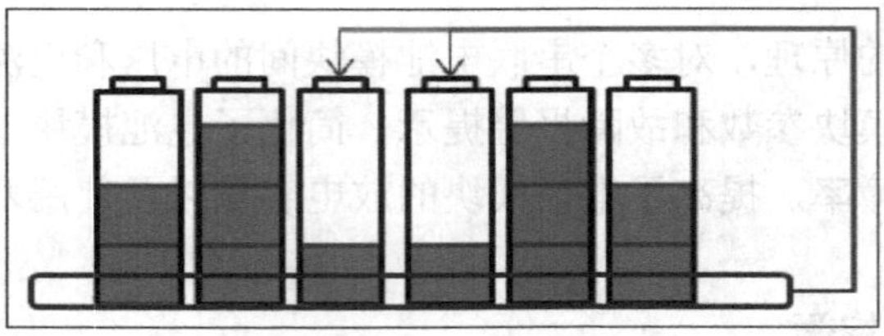

图 3-5　变压方式主动均衡原理

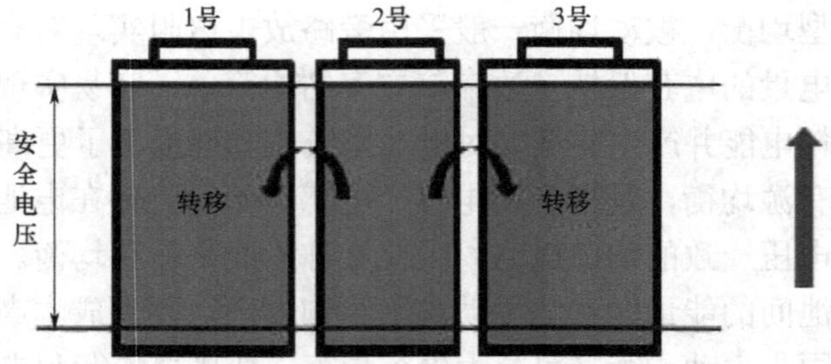

图 3-6　电感式主动均衡充电时的工作原理

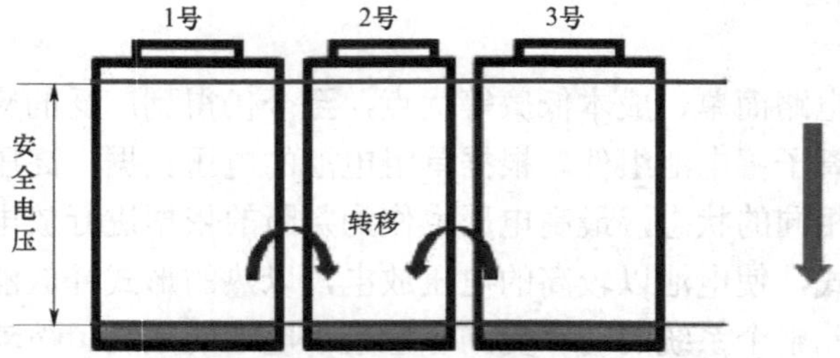

图 3-7　电感式主动均衡放电时的工作原理

主动均衡可以最大限度地提高电池组的容量，同时可以完全充放电，从而有效地延长电池组的使用寿命。

由于主动均衡电路一般是通过能量传递来实现的，其发热量取决于能量传递电路的传递效率，其传递效率也随所采用的拓扑结构而变化，通常可达 70%以上，即与被动均衡相比，热损失至少减少 70%，能量浪费至少减少 70%。主动均衡电路可以同时工作在充放电过程中，基本解决了过充过放电问题。相对于被动均衡，主动均衡电流一般大于 1 A，高能量电池放电，低能量电池充电的双向均衡策略，可以更快地实现大容量电池模块的能量平衡。与被动均衡相比，主动均衡可以消除电池模块不一致的根源，电池模块不会随着充放电循环而进一步恶化，从根本上实现了电池模块的能量平衡，实现了电池模块充放电循环寿命的大幅度延长，可用容量进一步提高。

知识拓展

大众 ID.4 CROZZ 电动汽车电池模块电压均衡

如果大众 ID.4 CROZZ 出现某个单体电池电压过低，且无法修复的故障现象时，通常需要使用更换电池模块的方式进行修复。在更换电池模块后，需要使用电压均衡仪进行电压的均衡，然后才能安装到动力电池总成内部。

对大众 ID.4 CROZZ 电池模块进行电压均衡，除了可以使用 SVW 6910 电池模块平衡仪配合最新的上位机软件外，也可以使用普通的锂电池电压均衡仪进行电压均衡。下面以 36 串锂电池电压均衡仪为例，介绍 2021 款大众 ID.4 CROZZ 电动汽车电池模块电压均衡的方法。

一、36 串锂电池电压均衡仪的使用

36 串锂电池电压均衡仪（以下统称“电压均衡仪”）采用并充技术对每串锂电池独立充电，某串锂电池达到充电停止电压时，该串锂电池停止充电，而没有达到停止电压的锂电池则继续充电，直到所有串联的锂电池达到停止电压为止。对电池模块进行电压均衡，并不是将电池模块内所有的单体电池充满电，而是根据动力电池内部所有单体电池的当前平均电压，设置电压均衡仪的均衡参数，然后对需要更换的电池模块进行电压均衡。

1. 接线方式

如图 3–8 所示，电压均衡仪后面有 3 个插线排，分别为第一组、第二组、第三组，当需要进行电压均衡的电池模块低于 12 串时，可以任意选择其中一组的插线排。

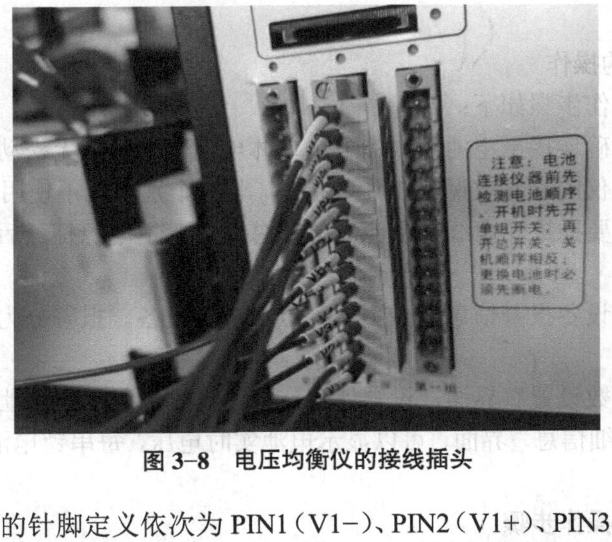

图 3–8　电压均衡仪的接线插头

插线排从下往上的针脚定义依次为 PIN1（V1−）、PIN2（V1+）、PIN3（V2+）、PIN4（V3+）、PIN5（V4+）、PIN6（V5+）、PIN7（V6+）、PIN8（V7+）、PIN9（V8+）、PIN10（V9+）、PIN11（V10+）、PIN12（V11+）、PIN13（V12+）。其中，PIN1（V1−）连接电池模块的总负极端子，或与电池模块总负极相连接的单体电池 B1−端子；PIN2 连接 B1+端子；PIN3 连接 B2+端子，依次类推。具体接线方式如表 3–1 所示。

表 3-1　电池模块的接线方式

接 1 串		接 8 串		接 12 串	
设备定义	单体电池电极	设备定义	单体电池电极	设备定义	单体电池电极
PIN13（V12+）		PIN13（V12+）		PIN13（V12+）	B12+
PIN12（V11+）		PIN12（V11+）		PIN12（V11+）	B11+
PIN11（V10+）		PIN11（V10+）		PIN11（V10+）	B10+
PIN10（V9+）		PIN10（V9+）		PIN10（V9+）	B9+
PIN9（V8+）		PIN9（V8+）	B8+	PIN9（V8+）	B8+
PIN8（V7+）		PIN8（V7+）	B7+	PIN8（V7+）	B7+
PIN7（V6+）		PIN7（V6+）	B6+	PIN7（V6+）	B6+
PIN6（V5+）		PIN6（V5+）	B5+	PIN6（V5+）	B5+
PIN5（V4+）		PIN5（V4+）	B4+	PIN5（V4+）	B4+
PIN4（V3+）		PIN4（V3+）	B3+	PIN4（V3+）	B3+
PIN3（V2+）		PIN3（V2+）	B2+	PIN3（V2+）	B2+
PIN2（V1+）	B1+	PIN2（V1+）	B1+	PIN2（V1+）	B1+
PIN1（V1−）	B1−	PIN1（V1−）	B1−	PIN1（V1−）	B1−

需要注意的是：不同的电池模块，单体电池串联的顺序有所不同，物理空间相邻的单体电池不一定是串联顺序中的相邻单体电池，因此必须事先确定电池模块内部的单体电池串联顺序。

2. 电压均衡仪的操作

电压均衡仪的操作步骤如下：

（1）将均衡线正确连接至电池模块的各个单体电池，并确认无松动。

（2）将电压均衡仪的分开关保持在开启状态（若有个别单元不使用，可以关闭），仅打开总开关即可。如果需要插拔均衡线，则应先关闭总开关。主电源打开后，显示屏将会启动进入主页面。

（3）在显示屏“设备报警信息”主页面，点击进入设备。报警分为实时报警和历史报警两部分。

（4）在“设备参数设置”界面，设置停止电压、过压、欠压、电池类型和充电电流。

（5）在“设备详细信息”界面，可以显示电池实时电压，每串锂电池显示补充电量（Ah）的实时监控信息。

二、电压均衡的操作步骤

对电池模块进行电压均衡的具体操作步骤如下：

（1）如图 3-9 所示，使用数字万用表分别测量 12 个电池模块的电压，并完整记录，注意至少取小数点后三位。如果有一个电池模块需要更换，需要测量并记录剩余 11 个电池模块的 HV+与 HV−之间的电压值，将测得的各模块电压值相加后，并除以测量模块数，计算出模块平均电压值（精确到小数点后两位）。将电池模块平稳放置在工作台上，工作台四周放置防护警示栏。

图 3-9　测量电池模块的电压

（2）如图 3-10 所示，拆卸电池模块塑料卡扣、塑料盖板，使用数字万用表测量电池模块 HV+与 HV−之间的电压值，确定正极和负极端口。

图 3-10　拆卸电池模块上部塑料盖板

（3）将与 HV−端口相连的单体电池作为 1 号单体电池（实际上是 2 个单体电池并联成 1 个电芯组），2 号单体电池与 1 号单体电池串联，注意一定要根据串联的顺序确定单体电池的顺序号。

（4）使用数字万用表测量 1 号单体电池的电压，确定正、负极端口，并使用记号笔做好记号，如图 3-11 所示。测量 2 号单体电池的电压，确定正、负极端口，并使用记号笔做好记号。依次类推，对剩余 6 个单体电池进行标记。

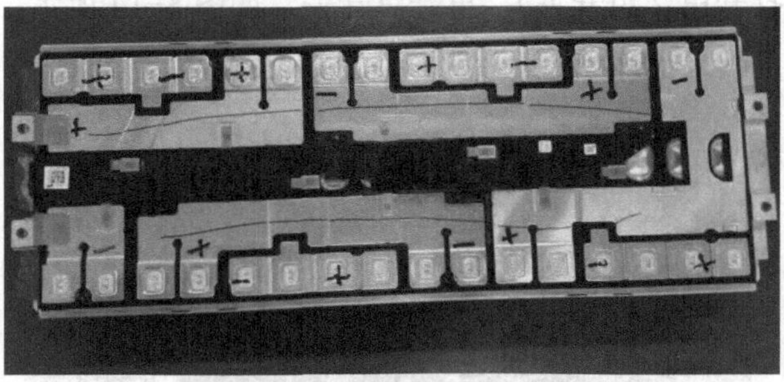

图 3-11　使用记号笔做好记号

（5）电压均衡仪的左侧共有 3 组线排，表示可以同时对 3 个电池模组进行均衡。每组线排分别为 V1（−）、V1（+）、V2（+）、V3（+）、V4（+）、V5（+）、V6（+）、V7（+）、V8（+）、V9（+）、V10（+）、V11（+）、V12（+），表示每组线排可以连接 12 个串联的电池模组。使用电压均衡仪的任意一组线排进行连接（本次均衡使用第二组线排），将 V1（−）连接到电池模组的 HV−端口，将 V1（+）连接到 1 号单体电池（+）端口，将 V2（+）连接到 2

号单体电池（+）端口，将 V3（+）连接到 3 号单体电池（+）端口，依次类推，将 V8（+）连接到 8 号单体电池（+）端口，如图 3–12 所示。因为大众 ID.4 电池模组的成组方式是 2P8S，即：2 个单体电池先并联成 1 个电芯组，然后再串联，共有 8 个电芯组串联。

图 3–12　电压均衡仪连接到单体电池

（6）电压均衡仪的线束连接好后，再次检查并确认单体电池充放电线束的连接顺序是否正确，如图 3–13 所示。注意必须在空旷环境下进行电压均衡测试，周围不得有高温易燃易爆及贵重物品，而且必须在有人看管的情况下对电池进行测试。

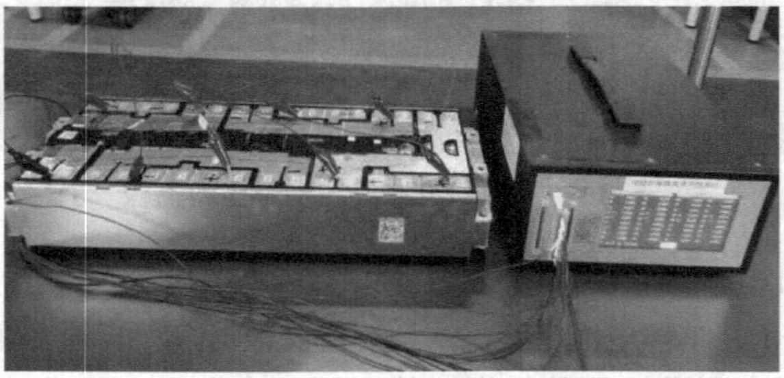

图 3–13　检查线束连接是否正确

（7）连接电压均衡仪的电源插头至 220 V 插座，开机时先开单组开关（因为仅使用第 2 组线排，因此仅需要打开第 2 组开关），再开总开关，如图 3–14 所示。

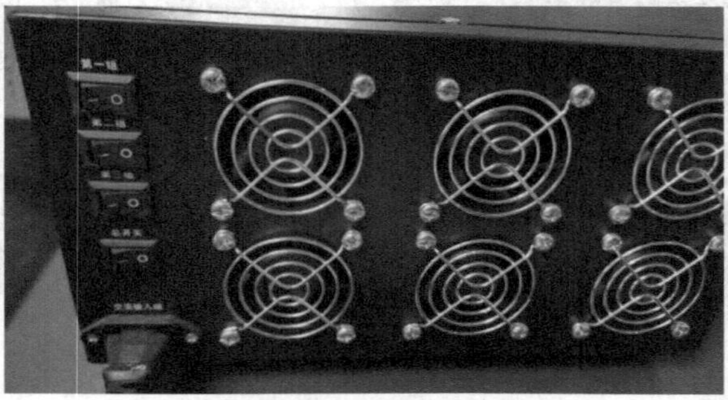

图 3–14　打开单组开关和总开关

（8）屏幕开机后，等待大约 10 s，在主页面点击“工作参数设置”，在“电池类型”选择项目“第二组”输入 2 表示三元锂，或输入 1 表示磷酸铁锂，输入相应的数字以确认电池的类别，如图 3–15 所示。

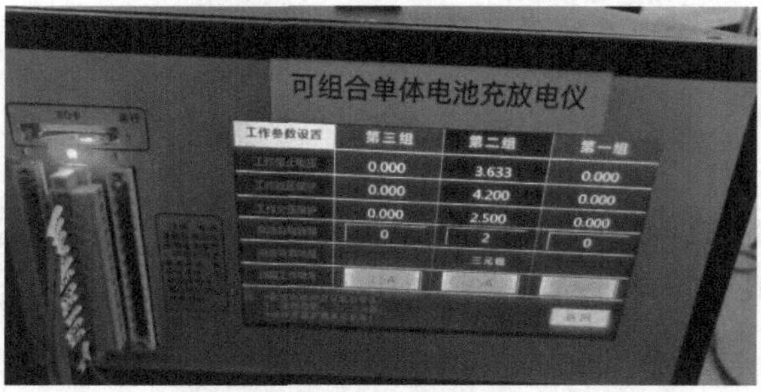

图 3-15　设置参数

（9）点击“工作停止电压”选项，设置充电停止电压，根据计算得出的单体电池平均电压输入数值，如平均值为 3.633 V，则输入 3.633 V。工作过压保护可设置为 4.200 V，工作欠压保护可以设置为 2.500 V。需要注意的是：设置电池类型或工作停止电压时应重启设备。输入数值完毕后，点击屏幕右下方的“返回”。此时主页面中显示“单组序号”为第 2 组，工作状态为充电中、电池类型为三元锂、停止电压为 3.633 V、工作电流为 2.5 A，单组串数为 8。

（10）点击主页面“详细信息”选项，此时可以读取电压（V）详细信息或电量（Ah）详细信息。由于本次使用电压均衡仪的第 2 组，因此第 13 代表 1 号单体电池的电压，第 14 代表 2 号单体电池的电压，第 20 代表 8 号单体电池的电压。红色标记代表该顺序号的单体电池正在充电，绿色标记代表该顺序号的单体电池已经完成充电。如果单体电池的充电停止电压为 3.634 V，8 个串联的电池组充电均衡完成后，8 个绿色的标记指示灯将会点亮，如图 3-16 所示。

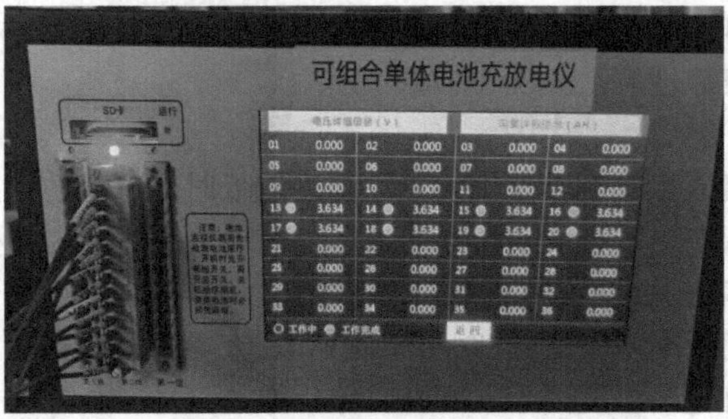

图 3-16　充电均衡完成后绿色指示灯点亮

（11）电池模块均衡结束后，先断开电压均衡仪的总开关，再断开第 2 组分开关。

（12）测试完毕后应及时取出电池模块上的充放电连接线，以免电压均衡仪对电池模块进行缓慢放电。

任务三　动力电池热管理及安全管理

知识目标

1. 理解动力电池热管理的意义。
2. 掌握动力电池热管理系统的结构及工作原理。

3. 理解动力电池安全管理系统的工作原理。

素养目标

1. 牢固树立爱岗敬业、技能强国的意识。
2. 严格遵守操作规程，践行精益求精的工匠精神。

任务导入

一辆吉利帝豪 EV300 汽车的动力电池故障，指示灯点亮，且显示动力电池切断。连接诊断仪读取故障码：P0007 动力电池温度过高。

分析此类故障，需要掌握动力电池热管理系统的结构和工作原理。

理论知识

一、热管理的意义

由于车辆装载电池的空间有限，正常运行所需的电池数目较大，电池组会以不同倍率放电，并以不同生热速率产生大量热量，再加上时间累积以及空间影响，造成大量热量聚集，从而导致电池运行环境温度情况复杂多变。

电池组内温度上升严重影响电池组的电化学系统的运行、循环寿命、充电可接受性、功率和能量、安全性和可靠性等。

1. 充电影响

锂离子电池的温度直接影响其使用性能。温度较低时，电池的可用容量将迅速衰减，在过低温度下对电池进行充电，会引发瞬间的电压过充现象，造成内部析锂而引发短路。

交流慢充电时，电芯的温度范围在 0～55 ℃才可以充电。当温度高于 55 ℃或低于 0 ℃时，电池管理系统将自动切断充电回路，此时将无法充电。充电前检测箱体内部温度，若低于 0 ℃，启动加热模式，待所有电芯温度高于 5 ℃时，停止加热。

2. 安全性

动力电池的热相关问题直接影响电池的安全性。生产制造环节的缺陷或使用过程中的不当操作都可能造成电池局部过热，进而引起连锁放热反应，最终造成冒烟、起火，甚至爆炸等严重的热失控事件。

3. 使用寿命

动力电池的工作或存放温度影响其使用寿命。电池的适宜温度在 10～30 ℃，过高或过低都将引起电池寿命的衰减。动力电池热管理系统能保证动力电池的使用性能和安全性。

热管理系统的主要功能包括：

（1）电池温度的监测，在电池温度较高时进行散热，防止发生热失控事故。

（2）在低温环境下，对电池组进行加热，确保低温下的充电、放电性能和安全性。

（3）缩小电池组内的温度差异，保证电池温度场的均匀分布，抑制局部热区的形成，防止高温导致电池过快衰减，降低电池组寿命。

二、冷却方式

动力电池主要采用风冷和液冷两种冷却方式。

1. 风冷系统

风冷式冷却系统的结构如图 3–17 所示。

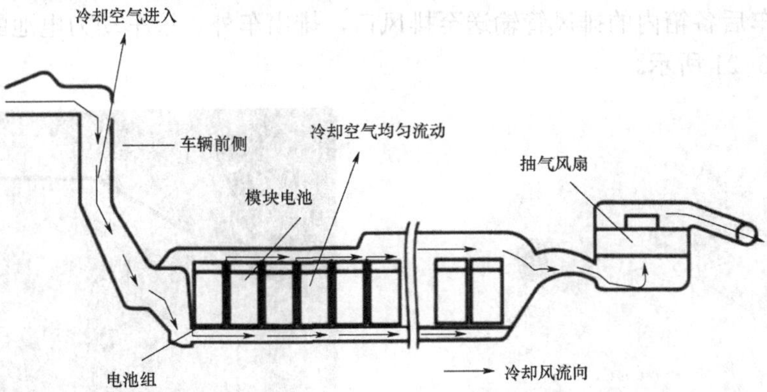

图 3–17　风冷式冷却系统结构

冷却空气在动力电池模块中的流动有串行、并行通风等几种方式。

1）串行通风结构

图 3–18 所示为串行通风结构，在该散热模式下，冷空气从左侧吹入从右侧吹出。空气在流动过程中不断地被加热，所以右侧的冷却效果比左侧差，电池箱内电池组温度从左到右依次升高。该技术应用在第一代丰田 PRIUS 等车型。

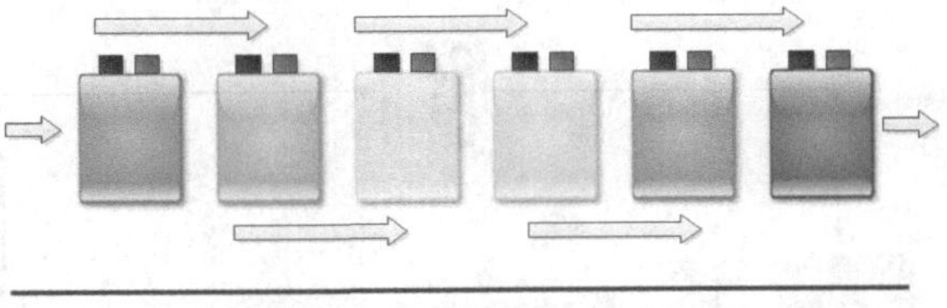

图 3–18　串行通风结构

2）并行通风结构

并行通风结构如图 3–19 所示，并行通风方式可以使得空气流量在电池模块间更均匀地分布。需要对进排气通道、电池布置位置进行很好的设计。其楔形的进排气通道使得不同模块

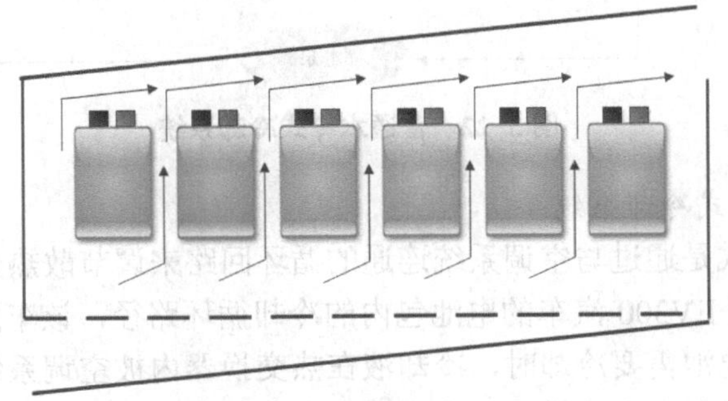

图 3–19　并行通风结构

间缝隙上下的压力差基本保持一致，确保吹过不同电池模块的空气流量的一致，保证了电池组温度场分布一致。

以丰田 PRIUS 的动力电池冷却为例，其动力电池布置于汽车后备箱中，风冷系统如图 3–20 所示。散热风扇将车箱内部的空气吸入，通过位于后窗台装饰板上的进气管流入风道，向下流经动力电池，为动力电池降温，然后再流经电池管理器、总继电器等元件，散热后，空气由汽车后备箱内的排风管输送至排风口，排出车外。该车动力电池的风冷系统的进风口位置如图 3–21 所示。

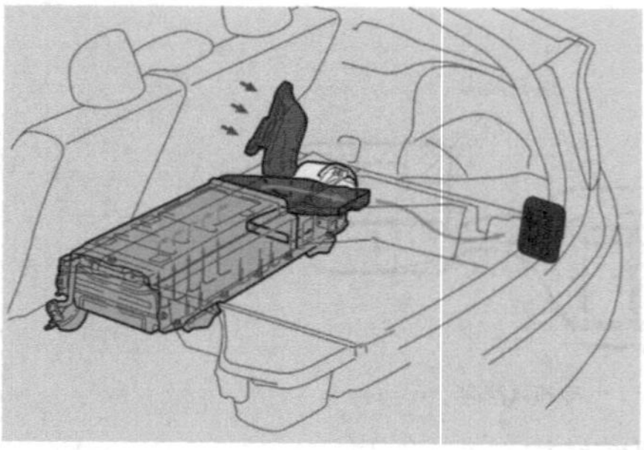

图 3–20 风冷系统

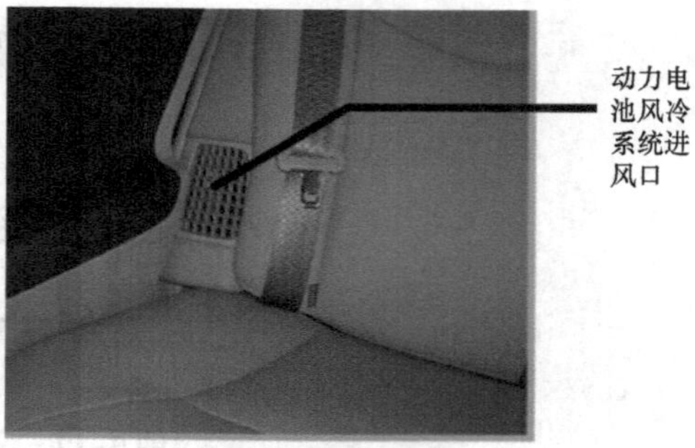

图 3–21 风冷系统的进风口位置

2. 液冷系统

1）普通水冷式冷却系统

通过冷却液的强制循环把热量带走，冷却效果相对于风冷式要好得多，而且通过冷却液的循环可以使电池组的温度更加均匀。但液冷对电池组的密封性要求更高，若采用水这类的导电液体进行冷却，需用水套将冷却液和电池隔开。图 3–22 所示为普通水冷式冷却系统示意图。

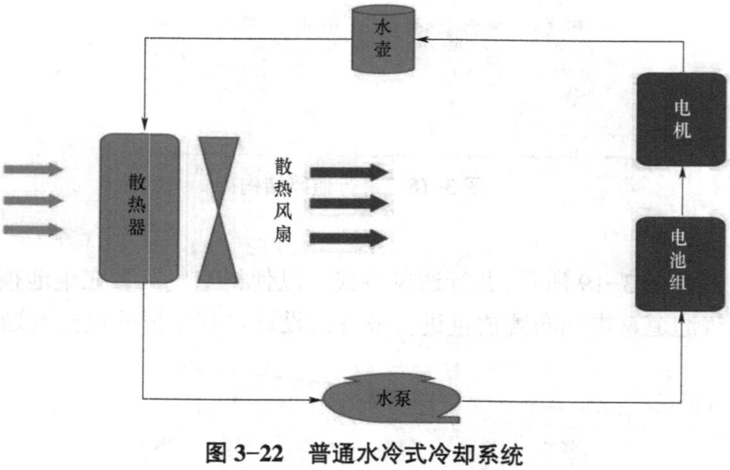

图 3–22 普通水冷式冷却系统

2）空调循环冷却式冷却系统

空调循环冷却方式是通过与空调系统连通的循环回路来调节散热效果，如图 3–23 所示。图 3–24 所示的是帝豪 EV300 汽车的电池包内的冷却循环路径，该车配备的是空调循环冷却式冷却系统。当动力电池需要冷却时，冷却液在热交换器内被空调系统的制冷剂冷却后从进水口流入电池包，经过每个电池模组，带走动力电池模组的热量，同时冷却液温度升高，高温的冷却液从出水口流出电池包，再次进入热交换器，完成热交换（降温）后，再次进入电池包进水口。如此循环则可以实现动力电池的温度控制。

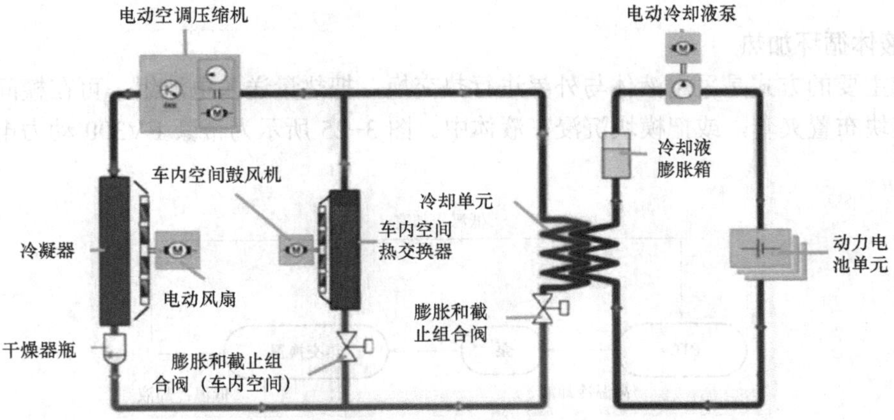

图 3-23 空调循环冷却式冷却系统

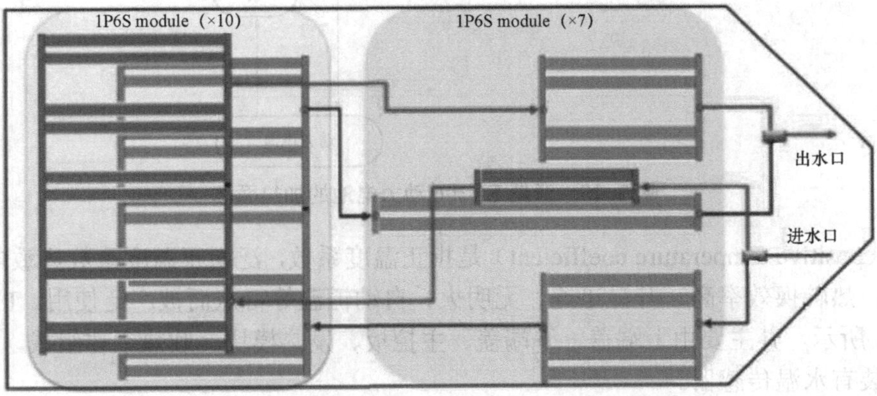

图 3-24 帝豪 EV300 电池包内冷却循环路径

3. 风冷与液冷的比较

动力电池冷却系统的风冷与液冷各有特点，如表 3-2 所示。

表 3-2 动力电池冷却系统的风冷与液冷的特点

项目	风冷	液冷
优点	1. 结构简单，质量相对较轻； 2. 没有发生漏液的可能； 3. 有害气体产生时能有效通风； 4. 成本较低； 5. 空气在电池包内的分布复杂	1. 传热更有效； 2. 电池包温度均匀性好； 3. 可与车辆冷却系统整合在一起； 4. 与电池壁面间的热交换系数高； 5. 冷却、加热速度快； 6. 体积小
缺点	1. 与电池壁面间的热交换系数低； 2. 冷却、加热速度慢； 3. 吸入的空气中或有尘土； 4. 受环境温度影响大	1. 存在漏液可能； 2. 质量相对较大； 3. 维修和保养复杂； 4. 需要水套、热交换器等部件，结构复杂

三、加热方式

1. 液体循环加热

目前主要的方式是采用液体与外界进行热交换，把热量送入电池组，可在模间布置管线或围绕模块布置夹套，或把模块沉浸在液体中。图 3–25 所示为帝豪 EV300 动力电池的加热循环。

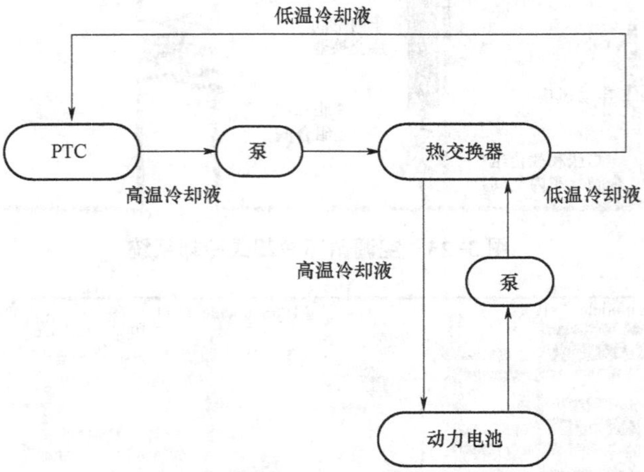

图 3–25　帝豪 EV300 动力电池的加热循环

PTC（positive temperature coefficient）是指正温度系数，泛指正温度系数热敏电阻。由于使用安全、热转换效率高、升温迅速、无明火、自动恒温等特点而被广泛使用。PTC 加热器如图 3–26 所示，其主要由上端盖、下端盖、主控板、发热模块、载热铝体组成，在 PTC 加热器上还装有水温传感器。

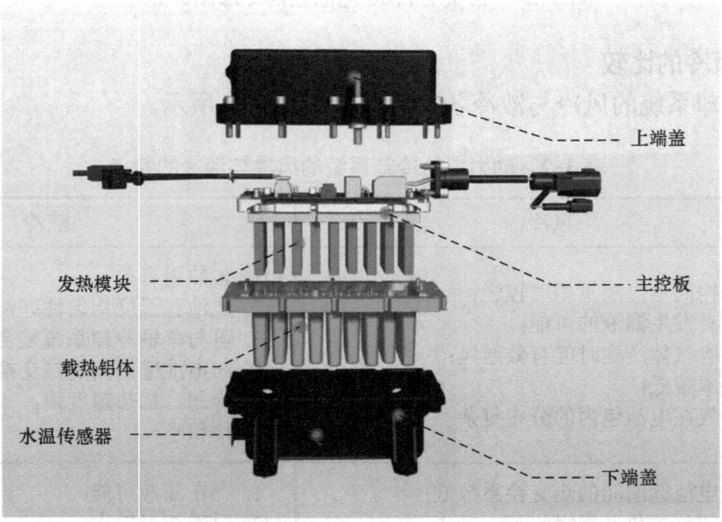

图 3–26　PTC 加热器

PTC加热器利用动力电池的高压直流电源使发热模块发热，从而加热在此循环的冷却液，为动力电池加热提供热源。

2. 加热片式加热

加热片式加热是指在动力电池适当位置添加电加热片，电池组需要加热时，电加热片通电，加热片的部分热量通过热传导方式直接传给电池。图3-27所示为北汽EV160动力电池加热片布局。

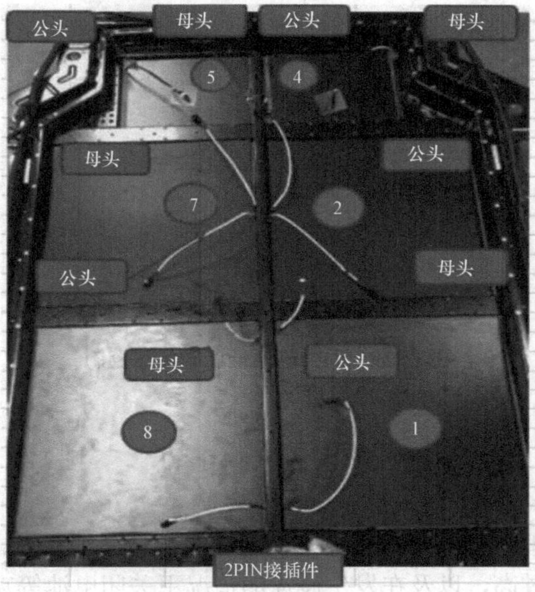

图3-27　北汽EV160动力电池加热片布局

动力电池采用加热片式加热，时间较长，加热后电池组温度分布不均匀，目前已经很少采用这种加热方式了。

以帝豪EV300汽车为例。在放电模式和智能充电模式下，当电池温度高于38 ℃时，动力电池液冷循环开启，低于32 ℃时，动力电池液冷循环关闭；在快充模式下，当电池温度高于32 ℃时，动力电池液冷循环开启，低于28 ℃时，动力电池液冷循环关闭。动力电池高温时制冷控制如图3-28所示。

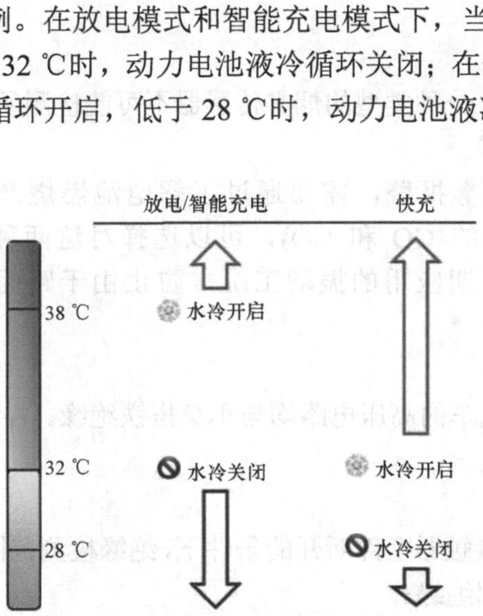

图3-28　动力电池高温时制冷控制

同样，在放电模式和智能充电模式下，当电池温度低于 0 ℃时，动力电池加热循环开启，高于 3 ℃时，加热循环停止；在快充模式下，当电池温度低于 10 ℃时，动力电池加热循环开启，高于 12 ℃时，加热循环停止。动力电池低温时加热控制如图 3–29 所示。

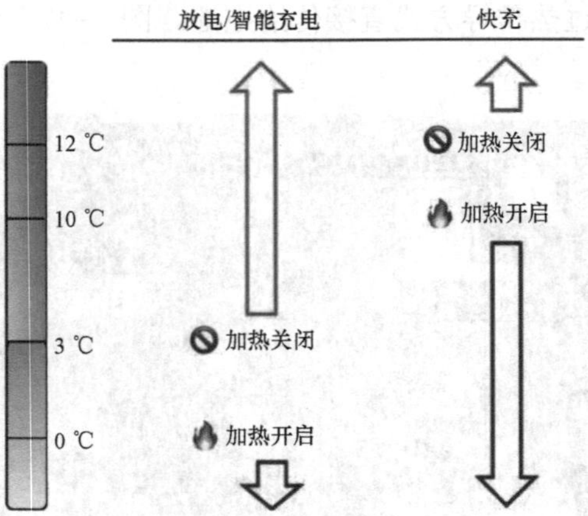

图 3–29　动力电池低温时加热控制

四、安全管理

动力电池的安全管理主要包括烟雾报警、绝缘检测、高压互锁、过电压和过电流控制、过放电控制、防止温度过高，以及在发生碰撞的情况下关闭电池等功能。

动力电池必须满足车辆部件的耐振动、耐冲击、耐跌落、耐烟雾等强度要求，保证可靠应用。为满足防水、防尘要求，电池包应满足一定的 IP 防护等级。在极端工况下，通过电池安全管理系统应能实现电池包的高压断电保护、过流断开保护、过放电保护、过充电保护等功能。

1. 烟雾报警

由于烟雾的种类繁多，一种类型的烟雾传感器不可能检测所有的气体，通常只能检测某一种或两种特定性质的烟雾。

在动力电池上应用烟雾报警，需要通过了解电池燃烧产生的烟雾成分来选择传感器。电池燃烧会产生大量的 CO 和 CO_2，可以选择对这两种气体敏感的传感器。传感器的结构需要适应车辆长期应用的振动工况，防止由于路面灰尘、振动引起的传感器误动作。

2. 绝缘检测

为安全起见，新能源汽车的高压电路均与车身搭铁绝缘。吉利帝豪 EV450 高压线缆绝缘电阻必须大于等于 20 MΩ。

BMS 绝缘检测范围：

（1）在动力电池对外接触器全部断开的条件下，绝缘检测范围为电池包内部的绝缘信息，此状态不能检测电池包外部绝缘。

（2）上高压或放电状态下，绝缘检测范围为整车高压回路，包括电池包内部和整车高压回路的绝缘性能。

（3）快充状态下，绝缘检测范围为整车高压回路和快充的高压回路，包括电池包内部、整车高压回路、快充充电桩的绝缘性能。

绝缘检测电路内置于动力电池管理系统（BMS），可持续监测高压线束和车身搭铁之间的绝缘电阻。如果绝缘电阻低于规定值，则存储故障码（DTC）并通过组合仪表显示屏告知驾驶员出现异常情况。如果绝缘电阻低于安全值，则还需要切断高压系统。BMS 的绝缘检测系统如图 3–30 所示。

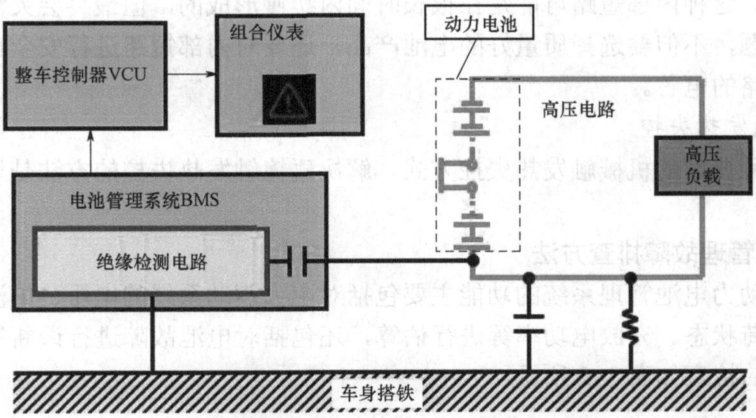

图 3–30 BMS 的绝缘检测系统

知识拓展

动力电池热失控故障检查

1. 常见热失控故障分析

不同的热管理系统、不同类型的元件、不同的结构、不同的质量、不同的系统成本、不同的控制方法，使得热管理系统的性能不同。

锂电池具有电压高、寿命长、体积小、能量密度高等优点。但它有对高温极其敏感、电极材料老化快、低温内阻高等缺点。动力电池达到一定温度后，会变得不可控，温度线性上升，最后导致燃烧爆炸。过热、过充电、内部短路和碰撞是导致动力电池热失控的几个关键因素。

1）过热引发热失控

动力电池过热的原因是电池选择和热设计不合理，或外部短路引起电池温升、电缆接头松动等，应从电池设计和电池管理上加以解决。从电池材料设计的角度，可以开发出能够防止热失控和阻止热失控反应的材料；从电池管理的角度，可以预测不同的温度范围，定义不同的安全级别，并进行分级报警。

2）过充触发热失控

过充触发的热失控是由于电池管理系统缺乏电路安全功能，导致电池 BMS 失控，但仍在充电。对于这种因过充而触发的热失控，解决的办法是首先查找充电机的故障，通过充电机充电控制的冗余设计来解决；其次检查电池管理是否不合理，比如监控每个电池的电压。随着电池的老化，电池之间的一致性变得越来越差，更容易发生过充问题，这需要均衡整个电池模块以保持电池模块的一致性。例如，电池模块采用“并联—并联—串联”的组合方式，最好以剩余容量最小的电池为基准进行充电。在这种情况下，可以有效进行充电，同时防止过充。

3）内部短路触发热失控

电池制造过程中的杂质、金属颗粒，以及充放电膨胀过程中的收缩及锂的析出都有可能导致内部短路。这种内部短路可能是在很长时间内缓慢形成的，但最终会突然失去控制。解决内部短路问题，不但要选择质量好的电池产品，还要对内部短路进行安全预测，在热失控前找到内部短路的电芯。

4）机械触发热失控

碰撞是一种典型的机械触发热失控方式。解决碰撞触发热失控的方法是设计电池安全保护装置。

2. 常见热管理故障排查方法

电动汽车动力电池管理系统的功能主要包括对电力驱动系统的电压、电流等进行检测，以及对电池负荷状态、充放电功率等进行估算，还包括对电池故障进行诊断等。动力电池常见热管理故障的检查如表3-3所示。

表3-3 动力电池常见热管理故障检查表

故障类型	故障现象	故障原因	处理方法
加热故障	温度低于某一数值时，在充电时，加热不开启	1. 加热继电器或BMS故障； 2. 加热片或继电器供电电路异常	1. 修复或更换加热继电器或BMS； 2. 检查修复供电电路
散热故障	温度高于某数值后，风扇未工作	1. 风扇继电器或BMS故障； 2. 风扇或继电器供电电路异常	1. 修复或更换风扇继电器或BMS； 2. 检查修复供电电路
温度高	电池系统中某个或者某几个温度点偏高，运行或充电中达到报警阈值	1. 温度传感器故障； 2. 电池数据采集监控模块故障； 3. 连接异常，局部发热； 4. 风扇未开启，散热差； 5. 靠近电机等热源； 6. 过充电	1. 检查温度传感器，若损坏，则进行更换； 2. 更换电池数据采集监控模块； 3. 紧固连接点，清除连接点异物； 4. 检查风扇及控制系统，确保风扇能正常开启； 5. 增加隔热材料，与热源进行隔离； 6. 设置过充电后，停止充电
温度低/温差	电池系统中某个或者某几个温度点偏低，运行或充电中达到报警阈值	1. 温度传感器故障； 2. 电池数据采集监控模块故障； 3. 局部加热片异常	1. 检查温度传感器，若损坏，则进行更换； 2. 更换电池数据采集监控模块； 3. 检查修复加热片

任务四　动力电池系统的数据通信

知识目标

1. 理解动力电池数据通信的作用、原理。
2. 掌握动力电池的 CAN 总线故障检测方法。

素养目标

1. 培养严谨细致的工作作风，践行勇于创新的工匠精神。
2. 严格遵守操作规程，坚定爱岗敬业的理想信念。

任务导入

一辆吉利帝豪 EV450，打开点火开关，系统无异常，踩下刹车踏板，再次按下点火开关，READY 灯不点亮，无法挂 D 挡行驶。使用故障诊断仪读取故障码，故障代码显示如下：

集成动力控制器：U110000–CAN 针超时故障，U110400–CAN 针超时故障；

远程控制器：U011287 与 BMS 通信丢失；

充电控制器：U011287 与 BMS 通信丢失；

整车控制器：U011287 与 BMS 通信丢失，P1C5104IPU 执行关闭命令超时；

电池管理系统 BMS：读取故障码失败。

分析此类故障，需要掌握动力电池管理系统数据通信的相关知识。

理论知识

动力电池数据通信和信息管理通常使用总线技术来实现数据传输，CAN 总线是一种串行多主控制器局域网总线。汽车 CAN 总线的作用是连接不同的控制器，实现可靠的信息共享，减少车辆线束的数量。

一、动力电池通信网络结构

1. 动力电池信息数据协议

1）CAN 总线报文采集

车辆 CAN 总线网关和网络化管理系统控制器是信息控制的中心，负责信息的组织和传输以及网络状态的监控。网络节点管理是信息优先级的动态分配和网络故障的诊断与处理，CAN 总线协调电池管理系统、电机控制器、空调系统和其他模块之间的通信。CAN 总线报文采集系统如图 3–31 所示，动力电池电流、电压等信息被 BMS 以报文形式发出。如图 3–32 所示，通过对 BMS 报文的采集和解析，可对电池的性能进行评估。

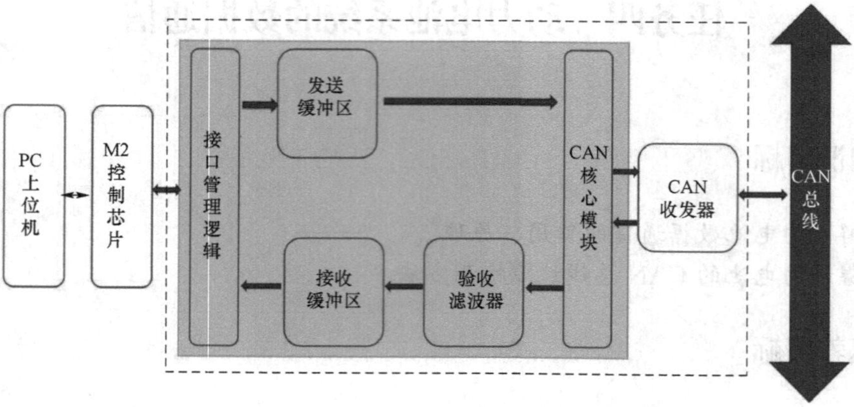

图 3–31　CAN 总线报文采集系统框图

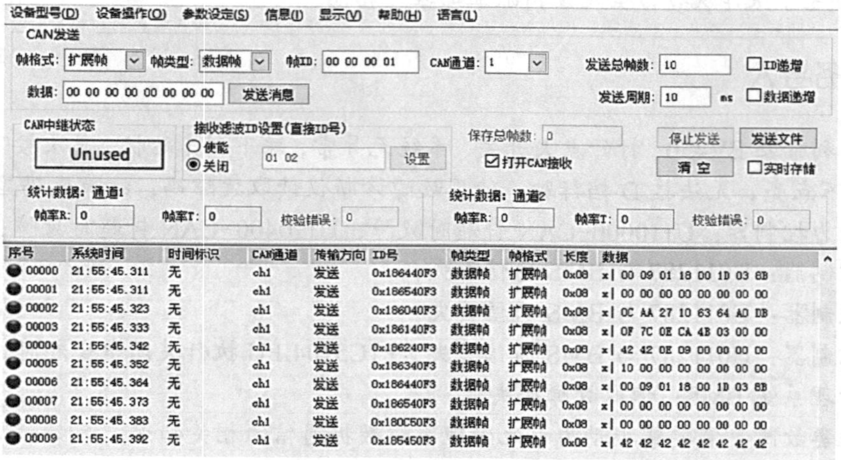

图 3–32　CAN 分析仪发出报文信息显示

接收到报文以后，可根据电池厂家提供的协议进行翻译，本质上是匹配 ID 后对数据按照协议规则进行计算，报文解析如图 3–33 所示。由此可以得到电池的电压值，根据这些值计算出电芯的直流内阻。

2）数据协议规则

不同的汽车生产厂家规定的数据协议规则会有一定的差异。下面以某型号动力电池管理系统对外发送数据协议规则为例加以说明。

电池管理系统每次对外发送数据的开始帧总是以 0x18F212F3 开始（此帧代码基于制造商的设置），并且每次发送车辆电池数据时只发送一次 0x18F212F3 数据帧。在整车动力电池数据传输过程中，需要反复发送同一 ID 的不同模块号的个别信息。协议中的无效或保留字节用 FFH 填充，无效或保留位设置为 1。本例中的一个电池模块最多定义 128 个电芯的信息。在传输过程中，只需要根据电芯的实际数量发送和接收相应的电芯信息。例如，如果一个模块中有 8 个电芯，则只发送 3 帧标识符为 0x182417F3、0x182517F3 和 0x182617F3 的特定电池电压信息，并且电池的过电压和欠电压故障信息相同。

报文 ID	报文数据							
186040F3	00	AA	27	10	63	64	A0	DB
报文解析								
0X00AA：动力电池总电压=324.2 V								
0X2710：动力电池总电流=9 000 A								
0X63：SOC=99%								
0X64：SOH=100%								
报文 ID	报文数据							
186140F3	0F	7C	0E	CA	4B	03	00	00
报文解析								
0X0F7C：最高单体电压=3 964 mV								
0X0ECA：最低单体电压=3 786 mV								
0X4B：最高单体电压序号=75								
0X03：最低单体电压序号=3								
报文 ID	报文数据							
186240F3	42	42	0E	09	00	00	00	00
报文解析								
0X42：最高温度=26 ℃								
0X42：最低温度=26 ℃								
0X0E：最高温度序号=14								
0X09：最低温度序号=9								

图 3–33　报文解析

故障信息位的定义：正常状态为 0，故障状态为 1。

以动力电池故障报警信息传输为例：

发送节点：BMS；标识符：0x18F214F3；发送周期：18；数据长度：8 字节。

报警信号分为四级（某些车型动力电池的故障等级设计为三级，如北汽部分车型），包括：温差报警、高温报警、充电电流报警、放电电流报警、电池过电压报警、电池组过电压报警，分为一级、二级、三级、四级报警。000=正常；001=四级报警；010=三级报警；011=二级报警；100=一级报警。

高压泄漏报警分为一级报警和二级报警。00=正常；01=二级报警；10=一级报警。

电池欠电压报警、电池组欠电压报警、SOC 差报警、SOC 低报警、SOC 高报警、电池压差报警分为二级、三级、四级报警。00=正常；01=四级报警；10=三级报警；11=二级报警。

与 VCU 通信故障为二级报警，与 ECU 通信故障为二级报警，与充电机通信中断为二级报警，预充电故障报警为二级报警。00=正常；01=二级报警。

在 Enable=1（Enable，计算机指令术语，意为“允许”或“可用”）的情况下处理预充电故障报警，5 min 不动作后，外部高压电源降至动力电池组电压的 10%，再次进行预充电。

主接触器故障：00=正常；01=故障。对于一级报警，最大允许充电和放电功率减半，并报告给 VCU，要求关闭高压接触器；如果 VCU 不反馈相应的处理时间，BMS 主动切断高压接触器。

BMS 确认一级故障后，发出关闭高压接触器的请求。如果延迟 2 s 后未收到 Enable=0 信号，则高压接触器将被主动切断。

对于除与 VCU 通信故障的二级报警、与 ECU 通信故障的二级报警、与充电机通信中断的二级报警以外的二级报警，以及预充电故障报警，最大允许充电和放电功率减半，上报给整车控制器（VCU），以减少输入和输出功率并请求停车维护。在 BMS 确认二级报警后，它报告在当前 BMS 状态下的最大充电功率和最大放电功率。

对于三级或四级报警，向 VCU 报告。

注意：电池组过电压一级报警、电池组欠电压二级报警和 SOC 低二级报警仪表点亮，其他故障仪表点亮。

2. 动力电池通信网络模块

电池管理系统可以实时监测每个测量点的总电压、总电流、温度和电池电压参数，并进行故障诊断、SOC 计算、短路保护、漏电监测、报警显示和充放电模式选择。BMS 可以向 VCU 报告动力电池的参数，以便 VCU 控制动力电池的充电和放电功率。

车辆控制单元（VCU）是整个控制系统的核心，其性能直接决定了电动汽车的性能。VCU 收集电机和动力电池的状态，并收集加速踏板、制动踏板、执行器和传感器的信号。

VCU 根据驾驶员的意图进行综合分析和判断后，监控正常驾驶、制动能量反馈、动力电池能量管理、网络管理、故障诊断和处理、车辆状态等，确保车辆在正常稳定运行状态下具有更好的动力性、经济性和可靠性。

电动汽车动力电池的内部数据通过 CAN 总线发送到 VCU，以获取车辆功能模块、动力电池系统、电机驱动系统等的状态信息。VCU 通信故障的可能原因包括电源故障、控制器局域网（CAN）线束故障、VCU 故障等。低压控制系统的故障主要包括 VCU 故障、传感器故障、通信故障、控制器和执行器故障。

高压电路故障主要包括绝缘故障、高压部件故障和高压线束故障。低压控制系统和高压电路系统的故障将直接影响车辆高压系统的正常供电。当 CAN 总线发生故障时，蓄电池信息将无法正确传输到 VCU。当 CAN-H 线路对地短路时，CAN 总线上的控制单元将无法与故障诊断仪通信。车辆故障码（DTC）是电动汽车故障诊断系统的一部分。当车辆的一个部分发生故障时，BMS 将检测到故障并将生成的故障码保存在存储器中。

根据读取的故障码，维修人员可以快速定位故障位置，找到故障原因并修复故障。

二、动力电池 CAN 总线故障检查

车身 CAN、仪表板动力电池显示、动力电池与车辆控制器之间的通信通过车辆 CAN 传输，快速充电端口分别通过快速充电 CAN 与 BMS 和数据采集终端（RMS）通信。此外，车辆控制器的程序升级通过刷程序 CAN 进行通信。基于 CAN 的电池检测拓扑结构如图 3-34 所示。车辆控制器可以通过读取 CAN 总线网络进行实时通信，实时获取车辆各子系统的运行状态信息，并在需要时向相应的部件控制器发出指令。CAN 总线通信电路的常见故障主要包括线路故障和连接器故障。更换新硬件可以发现罕见的硬件故障，需要用万用表测量线路和接头故障，以检查 CAN 总线系统的特性。

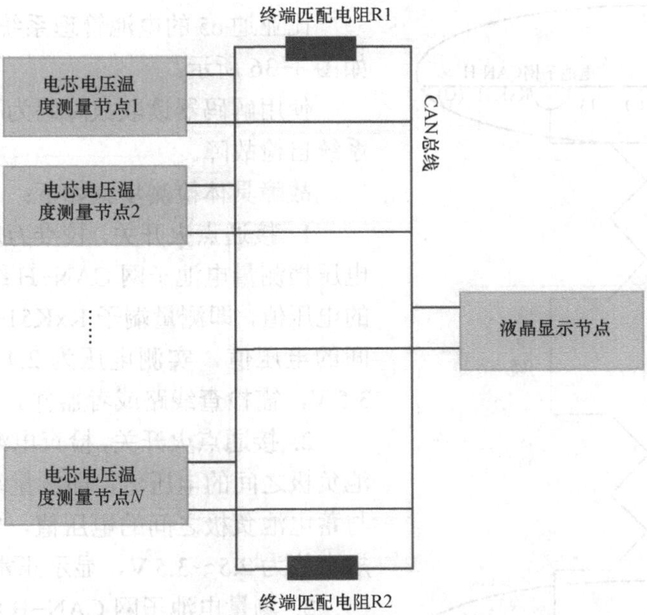

图 3-34　基于 CAN 的电池检测拓扑结构

CAN 总线的两个终端是 BMS 和 VBU，它们都有一个内置的 120 Ω终端电阻。当动力电池的负极未连接时，正常网络的电阻值应为 60 Ω。如果发现异常，检查终端插件 CAN-H 和 CAN-L 是否有连接错误的针脚，如退针、接触不良、线束断路等现象。

若插接件无故障，则在动力电池负极断开的情况下，用万用表对任意一个含 CAN 插件的 CAN 线检查电阻。若测量的阻值不是 60 Ω，则逐一拔掉 CAN 插件，直至出现 60 Ω时，说明刚拔下的插件或用电器存在问题；若仍没有查明原因，则检查 CAN 线对地是否短接，如果出现短接，可判断 CAN 线与屏蔽层短接，剥开 CAN 屏蔽层排查。

知识拓展

比亚迪 e5 动力电池管理系统 CAN 线束断路故障检修

比亚迪 e5 电动汽车中，CAN 线负责传输电池管理系统、电机控制系统、车身控制系统等关键模块之间的信息，以确保车辆正常运行。电池管理系统 CAN 线束断路故障分 CAN-H 和 CAN-L 线故障，这里以 CAN-H 线断路为例，分析 CAN 线束断路故障检修方法。

动力电池管理系统 CAN-H 线断路后，其故障现象为 OK 灯不亮，动力系统故障警告灯常亮，仪表显示“请检查动力系统”。如图 3-35 所示。

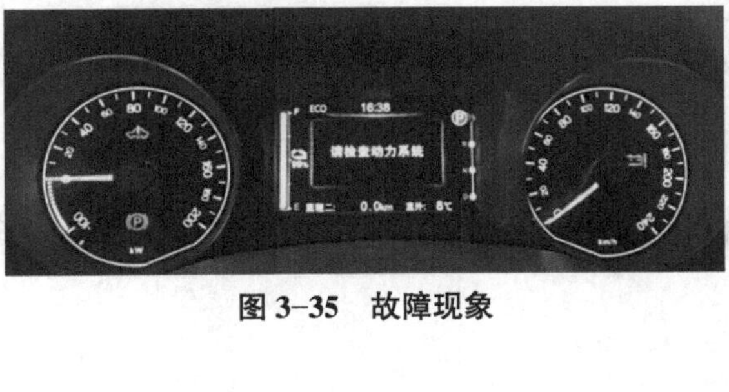

图 3-35　故障现象

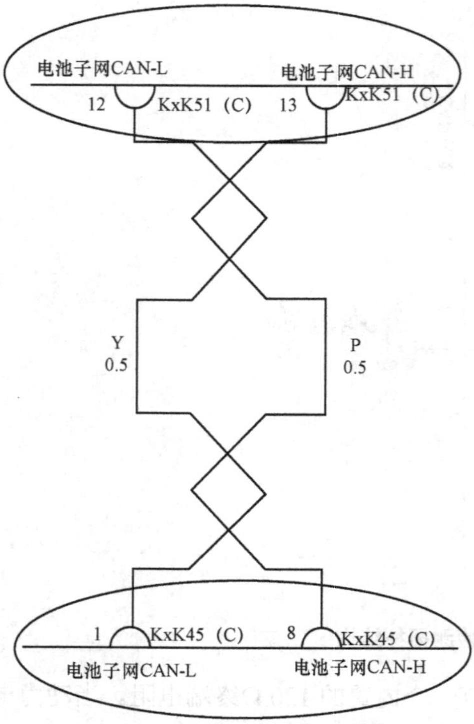

图 3-36　比亚迪 e5 的电池管理系统 CAN 线控制电路图

比亚迪 e5 的电池管理系统 CAN 线控制电路图如图 3-36 所示。

使用解码器读取故障码为 P1A5000-电池管理系统自检故障。

故障具体检测步骤如下：

1. 接通点火开关，校准万用表，用数字万用表电压挡测量电池子网 CAN-H 线与蓄电池负极之间的电压值，即测量端子 KxK51-13 与蓄电池负极之间的电压值，实测电压为 2.4 V，规定值为 2.5～3.5 V，需检查线路或者器件。

2. 接通点火开关，检查电池管理控制器与蓄电池负极之间的电压值，即测量端子 KxK45（C）-8 与蓄电池负极之间的电压值，实测电压为 2.7 V，规定值为 2.5～3.5 V，显示正常。

3. 测量电池子网 CAN-H 线终端阻值，断开点火开关，用数字万用表欧姆挡测量电池子网 CAN-H 线与电池管理控制器之间的阻值，即测量端子 KxK51-13 与 KxK45（C）-8 之间的电阻值，实测为∞，正常值为 0.5 Ω，可判定电池子网 CAN-H 线断路。

任务五　实践训练（三）

实训项目一　电池管理系统（BMS）的拆装

技能目标

掌握电池管理系统的拆装方法。

素养目标

1. 养成严谨细致的工作作风。
2. 培育工匠精神。

以比亚迪 e5 汽车的电池管理系统拆装为例，电池管理系统安装于发动机舱内，按照以下步骤操作：

1. 关闭汽车点火开关，拆卸低压蓄电池的负极，如图 3-37 所示，并等待 5 min。
2. 拆卸雨刮器，并拆卸导流板螺栓，取下导流板，如图 3-38 所示。

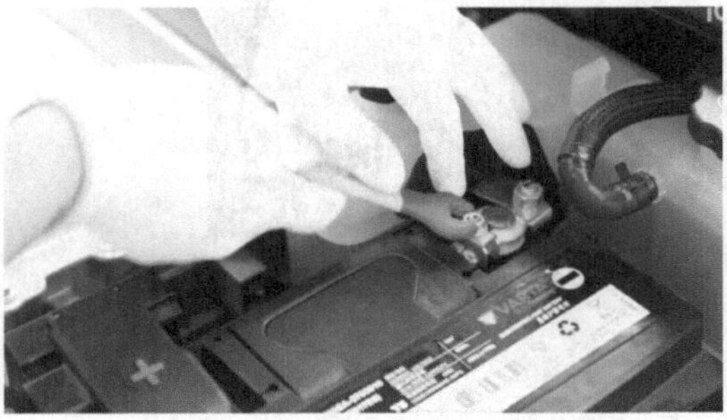

图 3-37　拆卸低压蓄电池的负极

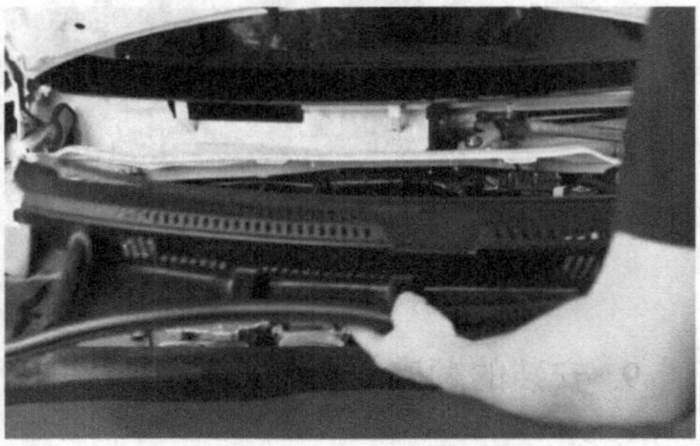

图 3-38　拆卸导流板

3. 拆卸雨刮电机螺栓，取下雨刮电机，如图 3-39 所示。
4. 拔下加热控制器插头，如图 3-40 所示。

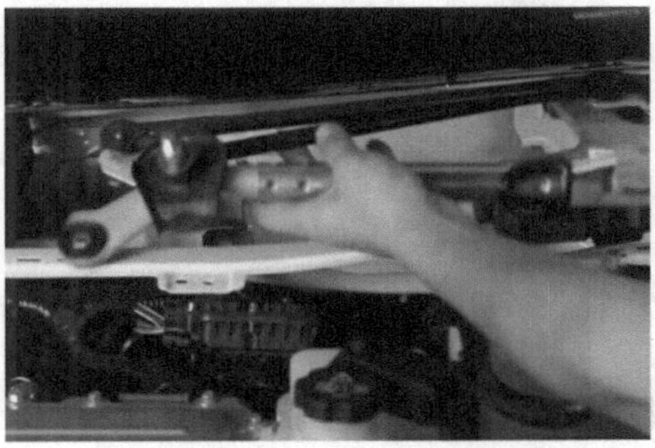

图 3-39　拆卸雨刮电机

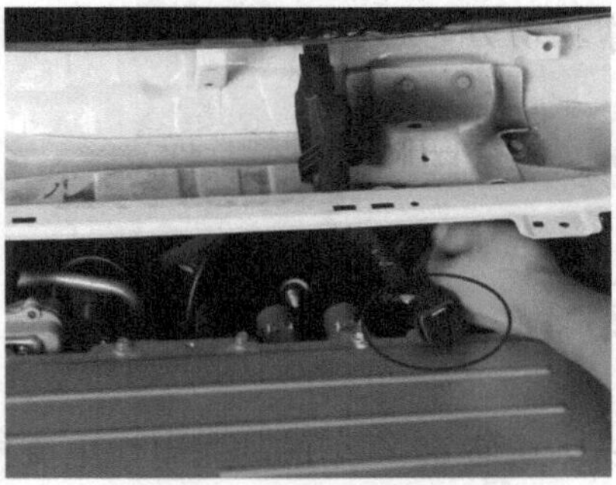

图 3-40　拆卸加热控制器插头

5. 拆下雨刮电机固定支架，如图 3-41 所示。
6. 拔下电池管理系统 3 个通信插接器，位置如图 3-42 所示。

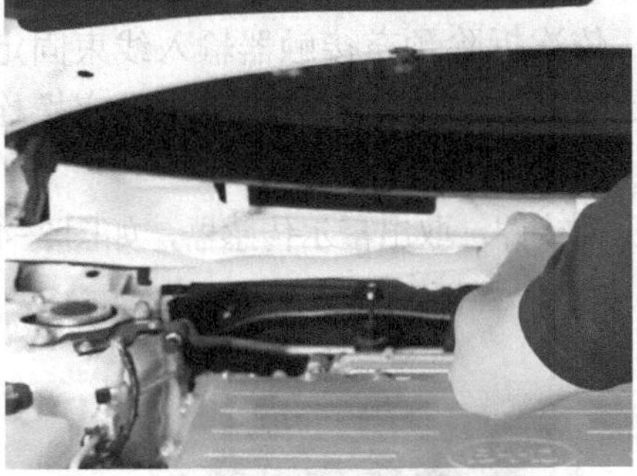

图 3-41　拆下雨刮电机固定支架

图 3-42　拆卸通信插接器

7. 拆卸电池管理系统 3 颗固定螺栓，如图 3-43 所示。
8. 取下电池管理系统，如图 3-44 所示。

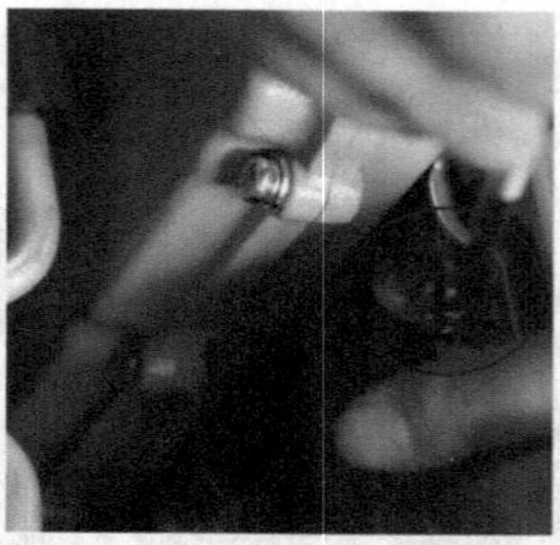

图 3-43　拆卸固定螺栓

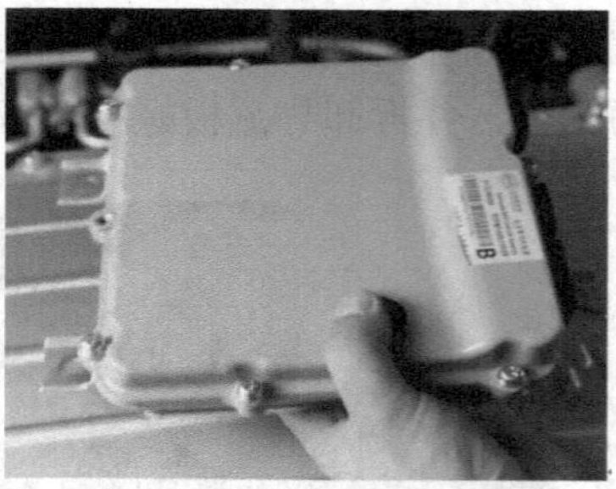

图 3-44　取下电池管理系统

9. 安装的顺序与拆卸顺序相反。

实训项目二　动力电池电流传感器的拆装

技能目标

掌握动力电池电流传感器的拆装。

素养目标

1. 树立崇尚技能的价值导向。
2. 培育工匠精神。

以比亚迪 e5 汽车的动力电池电流传感器拆装为例，按照以下步骤操作：

1. 拆卸电池包正极输入霍尔传感器

（1）拆卸高压控制总成的防护盖板，如图 3-45 所示。

（2）高压控制总成中有大容量薄膜电容，电容在脱离高压时，可能会带有高压电，须先对薄膜电容两端电压进行检测。测得电压 0 V，可进行下一步操作。高压控制总成中有两个霍尔传感器，分别安装在电池包正极输入母线上和电池包负极输入母线上。

（3）将正极输入的线排固定螺栓进行调整，依次拆除预充接触器输入线束固定螺栓、主接触器线排固定螺栓、交流充电接触器线排固定螺栓、高压输入桩头线排固定螺栓和霍尔传感器固定螺栓。

（4）取下正极连接线排，拔出霍尔传感器低压插接件，取出霍尔传感器，如图 3-46 所示。

图 3-45　拆卸防护盖板

图 3-46　霍尔传感器

2. 安装电池包正极输入霍尔传感器

（1）安装霍尔传感器，霍尔传感器带有三角形符号，三角形顶点要对着电流方向，如图 3-47 所示。

（2）连接霍尔传感器低压插接件，如图 3-48 所示。

图 3-47　霍尔传感器三角形符号

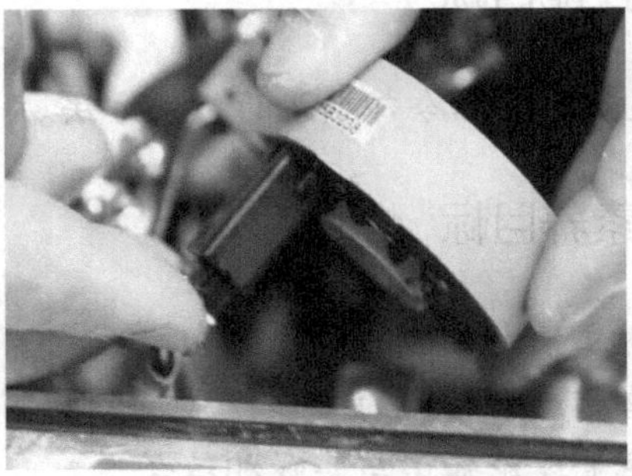

图 3-48　连接霍尔传感器低压插接件

（3）将正极连接线板插入霍尔传感器中心圆孔，放置霍尔传感器，如图 3-49 所示。

（4）依次安装霍尔传感器固定螺栓、高压输入桩头线排固定螺栓、交流充电接触器线排固定螺栓、主接触器线排固定螺栓和预充接触器输入线束固定螺栓，如图 3-50 所示。

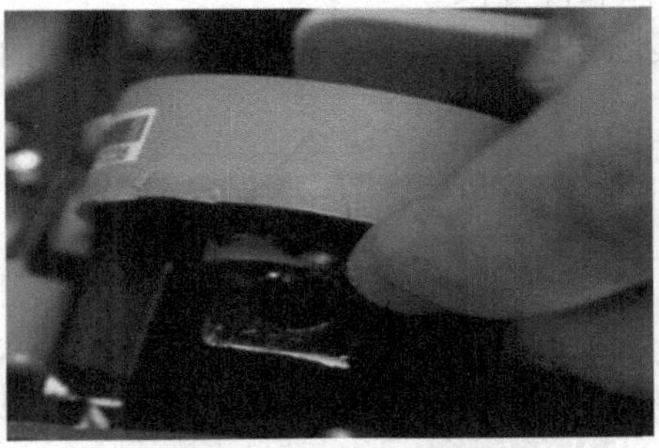

图 3-49　放置霍尔传感器

图 3-50　安装固定螺栓

（5）检查各线束连接，如图 3-51 所示，确定无误后盖回防护盖板，安装防护盖板固定螺栓。

图 3-51　检查线束连接

实训项目三 动力电池冷却水泵的拆装

技能目标

掌握动力电池冷却水泵的拆装方法。

素养目标

1. 树立崇尚技能的价值导向。
2. 培养严谨细致的工作作风。
3. 注重理论知识与实践相结合。

以比亚迪 e5 汽车的动力电池冷却水泵拆装为例，按照以下步骤操作：

1. 进行整车下电操作，举升车辆至合适位置。

2. 用鲤鱼钳拆下动力电池冷却水泵上的进水管和出水管卡箍，拔下水管，如图 3−52 所示。水管内有冷却液体，提前预备好专用容器用于回收冷却液。

3. 拔下冷却水泵低压插接连接线束和冷却水泵固定螺栓，取下冷却水泵，所拆卸的动力电池冷却水泵如图 3−53 所示。

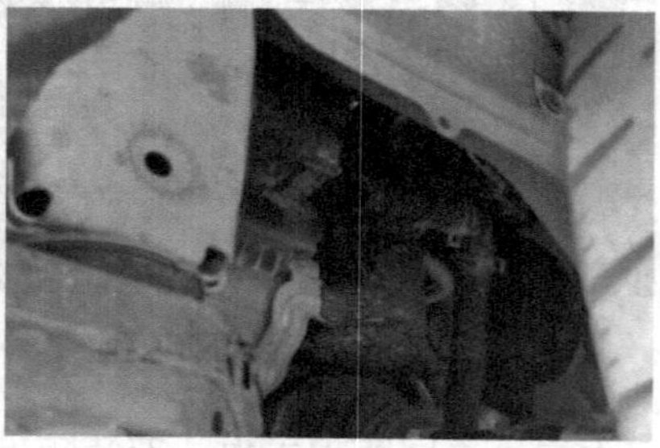
图 3−52 拆卸水管

图 3−53 拆卸冷却水泵

4. 安装动力电池冷却水泵。安装动力电池冷却水泵固定螺栓，如图 3−54 所示。插上动力电池冷却水泵低压插头，连接动力电池冷却水泵上的进水管和出水管，拧紧水管卡箍，如图 3−55 所示。

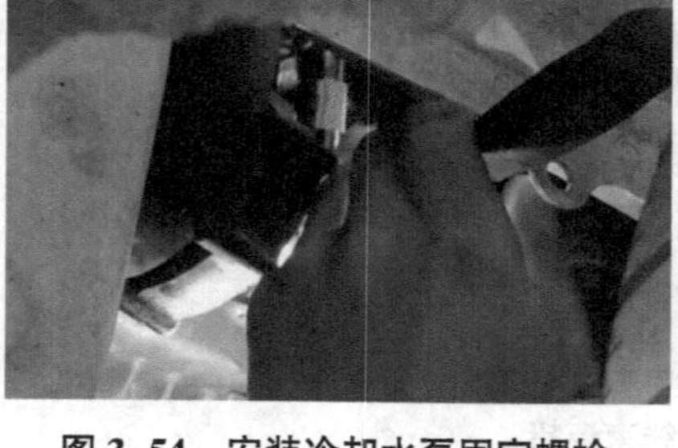
图 3−54 安装冷却水泵固定螺栓

图 3−55 拧紧水管卡箍

5. 管路检查，确保冷却管路连接完整，加注冷却液。如图 3–56 所示。

6. 将车辆启动，连接诊断仪，选择车型（比亚迪 e5）—诊断—动作测试—电池冷却内循环控制—打开电池冷却内循环控制，如图 3–57 所示。

图 3–56　加注冷却液

图 3–57　电池冷却内循环控制测试

7. 拧开膨胀罐盖，再次缓慢加注冷却液，直至膨胀罐内冷却液量达到容积的 80%左右，且液位不再下降为止。如图 3–58 所示。

图 3–58　再次缓慢加注冷却液

实训项目四　动力电池 CAN 通信常见故障分析

技能目标

1. 掌握动力电池 CAN 通信故障的主要原因。
2. 能够对动力电池 CAN 通信常见故障进行排除。

素养目标

培养严谨细致的工作作风。

新能源汽车动力电池 CAN 通信常见故障主要有以下几种：

1. 电池管理系统（BMS）不能与整车控制器（VCU）通信

可能原因：电池管理系统（BMS）不工作、CAN 双绞线断线。

故障排除：检查电池管理系统（BMS）的供电是否正常；检查 CAN-H 高位线、CAN-L 低位线是否断线、退针或插接器没有插牢；调取 CAN 通信端口数据，解析 CAN 数据帧并检查是否能够收到电池管理系统（BMS）或者整车控制器（VCU）的数据帧。

2. 电池管理系统（BMS）与整车控制器（VCU）通信不稳定

可能原因：外部 CAN 总线匹配不良、总线分支过长。

故障排除：检测 CAN 总线匹配电阻是否正确，匹配位置是否正确，分支是否过长。

3. 电池管理系统（BMS）内部通信不稳定

可能原因：CAN 双绞线插头松动、CAN 双绞线布线不规范、电池管理系统（BMS）地址有重复。

故障排除：检测 CAN 双绞线是否松动；检测 CAN 总线匹配电阻是否正确，匹配位置是否正确，分支是否过长；检查动力电池管理系统（BMS）地址是否重复。

单 元 测 试

一、解释下列英文缩写的含义

1. BMS
2. SOH
3. RUL

二、填空题

1. BMS 的主要功能有________、________、________、________、________、均衡管理、热管理以及信息管理等。

2. 电池管理系统可在________、________、________、________和故障模式五种模式下工作。

3. BMS 拓扑结构可分为________和________。

4. 串联电池组中使用的均衡方法有五种：________、________、________和模块之间的均衡。

5. 根据是否有能量损失，动力电池的均衡方法分为________、________。

6. 动力电池的安全管理主要包括________、________、________、________________、过放电控制、防止温度过高，以及在发生碰撞的情况下关闭电池等功能。

7. 目前，动力电池主要采用________和________两种冷却方式。

三、判断题

1. 准确控制电池的 SOC 范围，可避免电池过充电和过放电，起到保护蓄电池的作用。（　　）

2. 主动均衡是指在电池组中以较大功率消耗电池能量，直至充电状态达到平均值的均衡电路，因此也称为能量耗散型均衡。（　　）

3. 主动均衡是一种高效率、低损耗的功率均衡传输方法，需要与其他电池交换能量。（ ）

4. 被动均衡结构复杂，硬件成本高，对系统的可靠性设计也提出了较高的要求，但其能量利用率较高，是目前电池均衡研究的一个热点。（ ）

5. 被动均衡可以最大限度地提高电池组的容量，同时可以完全充放电，从而有效地延长电池组的使用寿命。（ ）

6. 过热、过充电、内部短路和碰撞是导致动力电池热失控的几个关键因素。（ ）

7. 绝缘检测电路发出少量的直流电流入高压电路，并检查交流电是否通过电容器自车身搭铁返回。（ ）

8. 动力电池热管理系统是保证动力电池使用性能、安全性和寿命的关键技术之一。（ ）

9. 动力电池数据通信和信息管理通常采用总线技术来实现数据传输，CAN 总线是一种并行多主控制器局域网总线。（ ）

10. 汽车 CAN 总线的作用是将不同的控制器连接起来，实现可靠的信息共享，减少车辆线束的数量。（ ）

11. CAN 总线的两个终端是 BMS 和 VBU，它们都有一个内置的 60 Ω终端电阻。（ ）

四、简答题

简述动力电池 CAN 通信常见故障类型。

五、课程思政讨论

芯片被广泛应用于各种电子设备中，也是电池管理系统的核心。自 2018 年起，美国政府就开始限制中国芯片产业的发展，这些限制不仅制约了中国的技术创新和产品发展，也对国家安全带来严重隐患。在此背景下，以中国科学院计算所、华为海思、中芯国际等为代表的研究机构和企业坚定信念，坚持自主创新，在芯片的研发、设计和制造等方面都取得了巨大成就。

请结合中国在多领域的突破式发展，谈谈“理想信念”的重要性。

参考答案：

一、解释下列英文缩写的含义

1. 电池管理系统（battery management system）
2. 健康状态（state-of-health）
3. 剩余可用寿命（remaining useful life）

二、填空题

1. 数据采集　状态监测　安全保护　充电控制　能量控制管理
2. 断电模式　准备模式　放电模式　充电模式
3. 集中式　分布式
4. 电容均衡　电感均衡　变压器均衡　并联均衡
5. 被动均衡　主动均衡
6. 烟雾报警　绝缘检测　高压互锁　过电压和过电流控制
7. 风冷　液冷

三、判断题

1. √　2. ×　3. √　4. ×　5. ×　6. √　7. ×　8. √　9. ×　10. √　11. ×

四、简答题

① 电池管理系统（BMS）不能与整车控制器（VCU）通信；
② 电池管理系统（BMS）与整车控制器（VCU）通信不稳定；
③ 电池管理系统（BMS）内部通信不稳定。

五、课程思政讨论

略

项目四

新能源汽车低压电源系统

任务一　新能源汽车低压电源系统概述

知识目标

1. 理解新能源汽车与传统燃油车的低压电源系统的区别。
2. 掌握新能源汽车低压蓄电池的特点。
3. 掌握新能源汽车 DC/DC 变换器的功能和原理。

素养目标

1. 树立规范操作意识，培养创新思维。
2. 提高举一反三的知识拓展能力，注重工匠精神的培育。

任务导入

一辆纯电动汽车无法上高压电，经检查后发现低压蓄电池电压为 8.5 V，电压过低。为什么低压蓄电池电压过低会影响纯电动汽车上高压电？该如何对低压电源系统进行检修？

理论知识

新能源汽车具有高压和低压两个电源系统，高压电源系统主要用于车辆的驱动、空调、暖风等系统的供电，低压电源系统主要用于灯光、电动车窗、中控门锁、信息娱乐系统、控制系统的供电。

一、不同类型汽车低压电源系统

虽然新能源汽车和传统燃油车低压电源所供给的设备基本相同（燃油车的 12 V 电源系统还需要给发动机的起动机和点火系统供电），但是就电源系统本身来说还存在一些差别。

1. 传统燃油车低压电源系统

传统燃油车的低压电源主要有蓄电池和发电机，如图 4–1 所示。在车辆发动机处于未运行状态时，车上的用电设备由蓄电池供电；在发动机起动时，由蓄电池对起动机和点火系统进行供电，完成发动机的起动运行。

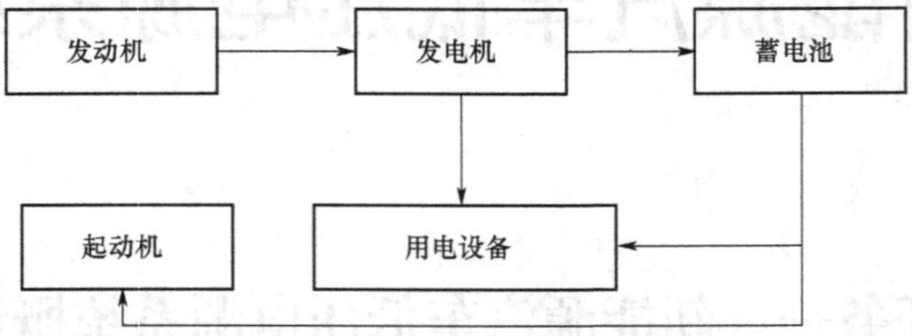

图 4–1　传统燃油车低压电源系统组成图

车辆发动机运行后，由发动机带动发电机发电，产生的电能除了对车载用电设备供电外，还为蓄电池充电。

2. 纯电动汽车低压电源系统

纯电动汽车的低压电源系统由 12 V 低压蓄电池和 DC/DC 变换器两部分组成，如图 4–2 所示。在车辆没有上高压电时，车载用电设备由 12 V 低压蓄电池供电。在车辆上电后，以及车辆在充电过程中，车载用电设备由 DC/DC 变换器供电，除此之外，DC/DC 变换器还为 12V 低压蓄电池充电。

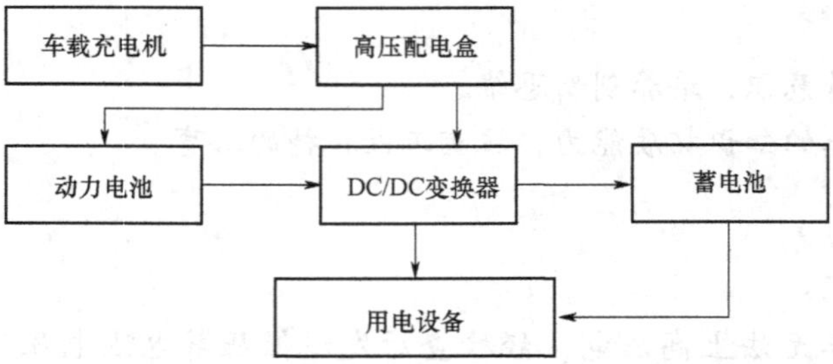

图 4–2　纯电动汽车低压电源系统组成图

3. 混合动力汽车低压电源系统

混合动力汽车有低压蓄电池、DC/DC 变换器、发电机三套低压电源，如图 4–3 所示。在车辆静止（发动机未起动、车辆没有上高压电）时，如果需要开启多媒体信息系统、灯光等低压用电设备，则由低压蓄电池供电；在发动机运转时，由发动机驱动发电，发电机为低压用电设备供电，同时也为低压蓄电池充电；在车辆以纯电模式行驶时，由 DC/DC 变换器为车载用电设备供电；在低压蓄电池电量不足时，还可以利用 DC/DC 变换器为低压蓄电池充电。

新能源汽车之所以保留低压蓄电池，原因有以下四点：

（1）新能源汽车下电后，所有的控制系统都要依靠低压蓄电池进行供电。

（2）在车辆上电前，高压系统的接触器处于断开状态，需要低压电源使接触器闭合。

（3）如果取消低压蓄电池，在车辆用电设备全开的情况下，需要大量的电力供应，为满足供电需要必须增加 DC/DC 变换器的体积和输出功率，从而导致低压电源系统成本上升。

（4）能够提高低压电源系统的冗余度。

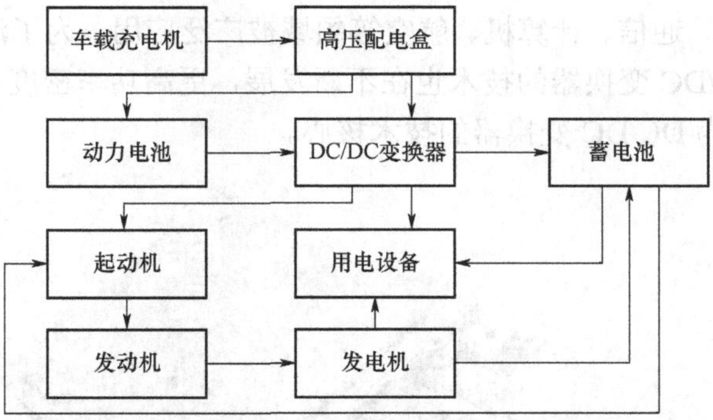

图 4–3　混合动力汽车低压电源系统组成图

二、低压蓄电池的类型

常用的 12 V 低压蓄电池主要有铅酸蓄电池和锂离子电池两种类型。铅酸蓄电池利用 6 个电压为 2 V 的单体电池串联成 12 V 的电池组。比亚迪车型较多采用磷酸铁锂电池作为低压蓄电池。相比传统的铅酸蓄电池，磷酸铁锂电池在质量、体积、自放电量等方面都有优秀的表现，但是价格相对较高。

传统的铅酸蓄电池质量在 12 kg 左右，而比亚迪 · 秦 L 混合动力汽车采用的 12 V 磷酸铁锂电池（如图 4–4 所示）重 2.2 kg，显著降低了车辆自重。同时，磷酸铁锂电池的自放电量仅为 0.02 kWh，也远低于铅酸蓄电池的自放电量 0.1 kWh。磷酸铁锂电池的充放电效率高达 94%，比铅酸蓄电池提升约 9%。磷酸铁锂电池的循环寿命超过 3 000 次，在车辆的使用寿命内几乎无需更换。

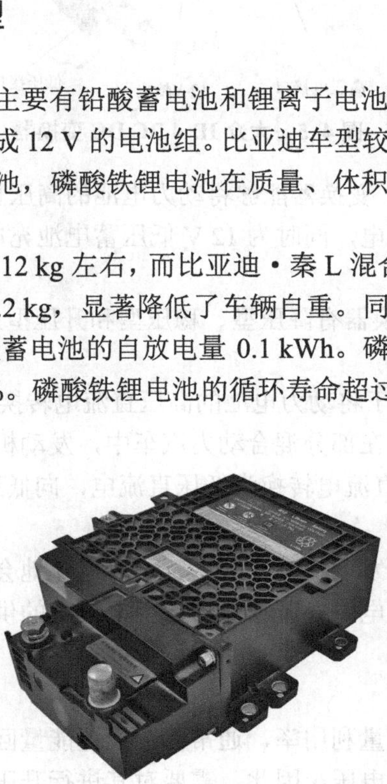

图 4–4　比亚迪 · 秦 L 混合动力汽车的低压蓄电池

与磷酸铁锂电池相配套的电池管理系统，可以对电池电量进行实时监测，实现自动充电，从而确保车辆长时间停放，也不会出现因电压过低而无法启动。

三、DC/DC 变换器

1. DC/DC 变换器的功能

DC/DC 变换器（如图 4–5 所示）的功能是将固定的直流电压转换为可变的直流电压。

DC/DC 变换器在汽车、通信、计算机、航空等领域被广泛应用，为了满足不同的应用场景和需求的不断上升，DC/DC 变换器的技术也在不断发展，更高功率密度、更高效率、更高可靠性以及更小的尺寸成为 DC/DC 变换器的技术核心。

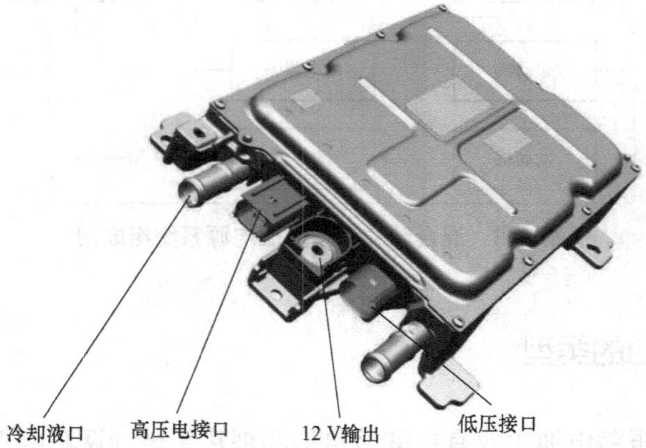

图 4-5　大众 ID.4 DC/DC 变换器

在新能源汽车中，DC/DC 变换器能够将动力电池的高压直流电转换为 12 V 的低压直流电，用于整车低压用电系统供电，同时为 12 V 低压蓄电池充电。

2. DC/DC 变换器的类型

新能源汽车的 DC/DC 变换器有降压型、稳压型和升压型三种。

1）降压型变换器

在新能源汽车中，主要用于将动力电池的高压直流电转换为 12 V 的低压直流电，其作用相当于传统燃油车的发电机。在部分混合动力汽车中，发动机驱动发电机产生的高压电也是通过 DC/DC 变换器，将高压直流电转换为低压直流电，向低压用电设备进行供电。

2）稳压型变换器

在混合动力汽车中，由于发动机的介入运行不可避免地会对电压产生波动，影响音响、照明等系统的正常工作，利用电源稳压器能够使用电设备的供电电压稳定在某一范围内，保证其正常工作。

3）升压型变换器

为了提高新能源汽车的能量利用率，通常都会设置能量回收装置。由于在能量回收时产生的电压低于动力电池的充电电压，因此，需要对其进行升压后才能为动力电池充电。燃料电池汽车的燃料电池堆输出电压较低，为了满足车辆驱动需要，利用 DC/DC 变换器升压后向电机控制器供电驱动电机运转。

四、低压电源系统的结构组成

以比亚迪 e5 纯电动汽车为例，如图 4-6 所示。12 V 低压电源系统由低压蓄电池和低压电源管理系统两部分组成。e5 低压蓄电池采用了 4 个电压为 3.2 V 的单体磷酸铁锂电池串联组成。低压电源管理系统通过采集单体电池的电压、温度及电池组的电流等信息，实现蓄电池的状态分析。当低压蓄电池电量低时，在满足安全条件的情况下，可通过动力电池为其充电。低压电源管理系统还具有自诊断功能，当低压蓄电池出现异常时，仪表上的故障灯会点亮，同时显示“请检查低压电源系统”。

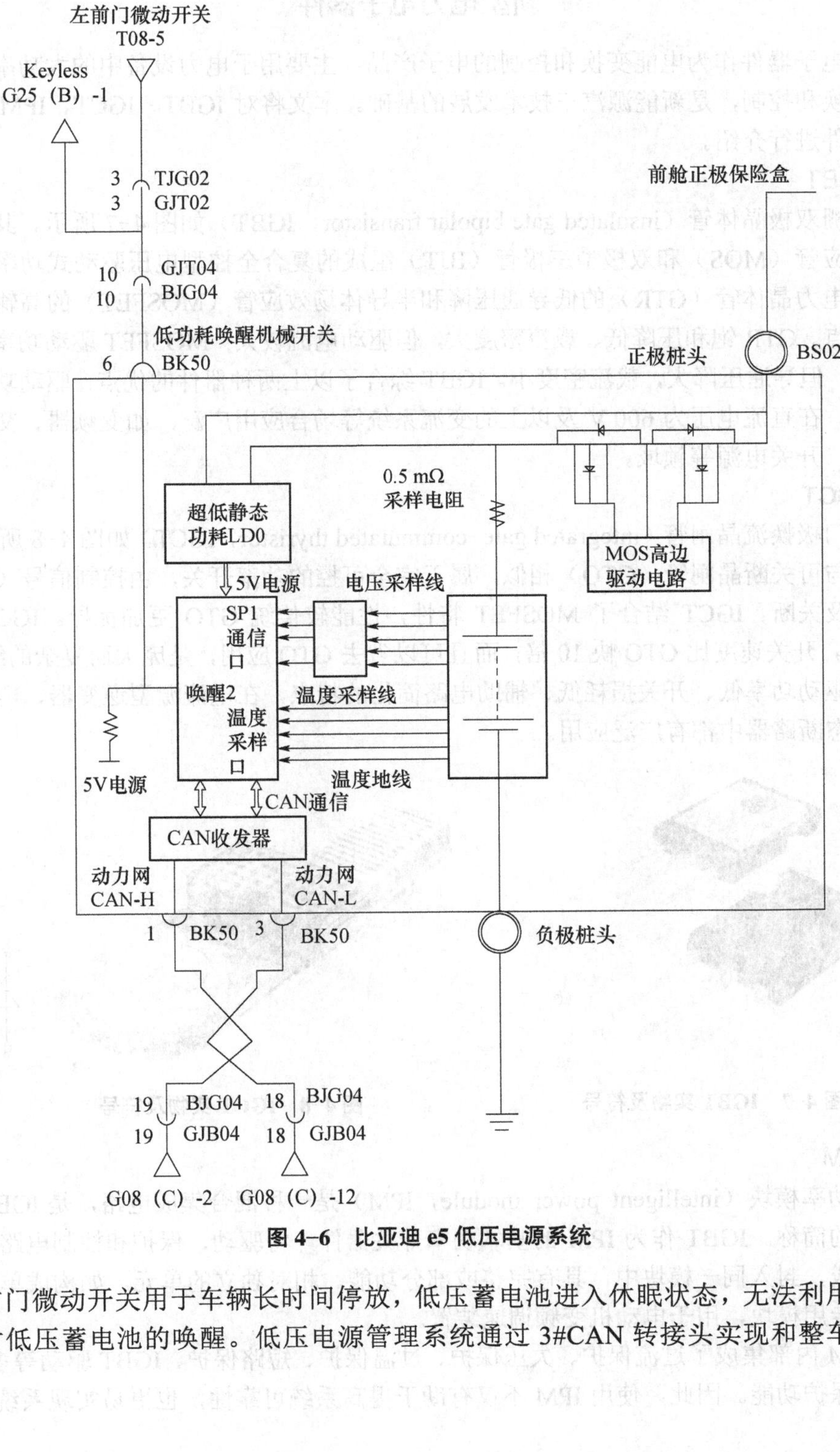

图 4-6 比亚迪 e5 低压电源系统

左前门微动开关用于车辆长时间停放，低压蓄电池进入休眠状态，无法利用遥控或感应解锁时低压蓄电池的唤醒。低压电源管理系统通过 3#CAN 转接头实现和整车控制器的通信。

知识拓展

新型电力电子器件

电力电子器件作为电能变换和控制的电子产品，主要用于电力设备中的大功率电子器件的功率转换和控制，是新能源汽车技术发展的基础。本文将对 IGBT、IGCT、IPM 等先进电力电子器件进行介绍。

1. IGBT

绝缘栅双极晶体管（insulated gate bipolar transistor，IGBT）如图 4−7 所示。其是由绝缘栅型场效应管（MOS）和双极型三极管（BJT）组成的复合全控型电压驱动式功率半导体器件，具有电力晶体管（GTR）的低导通压降和半导体场效应管（MOSFET）的高输入阻抗两方面的优点。GTR 饱和压降低、载流密度大，但驱动电流较大；MOSFET 驱动功率很小、开关速度快，但导通压降大，载流密度小。IGBT 综合了以上两种器件的优点，驱动功率小而饱和压降低。在直流电压为 600 V 及以上的变流系统等场合应用广泛，如变频器、交流电机、牵引传动、开关电源等领域。

2. IGCT

集成门极换流晶闸管（integrated gate−commutated thyristor，IGCT）如图 4−8 所示。IGCT 整体功能与可关断晶闸管（GTO）相似，属于完全可控的功率开关，由控制信号（闸极）控制其导通及关断。IGCT 结合了 MOSFET 特性，性能较传统 GTO 更加优异。IGCT 容量与 GTO 相当，开关速度比 GTO 快 10 倍，而且可以省去 GTO 应用，是庞大而复杂的缓冲电路。具有门极驱动功率低、开关损耗低、辅助电路简化的特点，在电流源型逆变器、电压源型逆变器、静态断路器中都有广泛应用。

图 4−7　IGBT 实物及符号

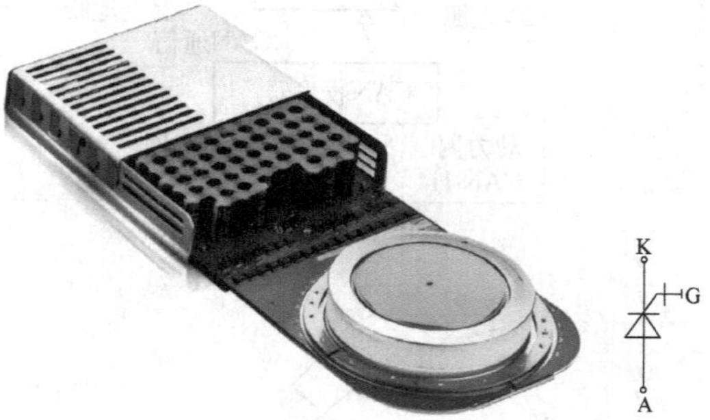

图 4−8　IGCT 实物及符号

3. IPM

智能功率模块（intelligent power module，IPM）是一种混合集成电路，是 IGBT 智能化功率模块的简称。IGBT 作为 IPM 的基本功率开关器件，将驱动、保护和控制电路的多个芯片进行集成，封入同一模块中，具有完整或部分功能、相对独立的单元。如构成单相或三相逆变器的专用模块，用于电动机变频调速装置。

在 IPM 内部集成了过流保护、欠压保护、过温保护、短路保护、IGBT 驱动等多个模块，具有多重保护功能。因此，使用 IPM 不仅有助于提高系统可靠性，也更易实现系统小型化。

任务二 新能源汽车低压电源系统常见故障诊断

知识目标

1. 理解新能源汽车低压蓄电池亏电原因。
2. 掌握新能源汽车 DC/DC 变换器的检测方法。
3. 掌握新能源汽车 DC/DC 变换器故障诊断方法。

素养目标

1. 培养逻辑思维，养成严谨细致的工作作风。
2. 树立安全操作意识，培养工匠精神。

任务导入

一辆纯电动汽车无法上高压电，经检查后发现低压蓄电池电压为 8.5 V，电压过低。为什么低压蓄电池电压过低会影响纯电动汽车上高压电？又该如何对低压电源系统进行检修？

理论知识

新能源汽车低压电源系统故障不仅影响低压用电设备的正常工作，还会导致高压无法上电等故障。

一、低压蓄电池亏电

无论是何种类型的新能源汽车，在电气系统架构上都是采用动力电池的高电压驱动车辆行驶，用 DC/DC 变换器取代原有的发电机，联合低压蓄电池在不同工况下为低压用电设备供电。新能源汽车低压蓄电池不需要为起动机供电，不需要短时大电流输出，使用性质发生了改变，使其成为辅助能量单元。

新能源汽车在整车电气系统结构上与传统燃油车存在不同，尤其是在电气系统控制上存在较大差异。

1）导致低压蓄电池亏电的原因

① 新能源汽车的各组成部分电子控制模块多，静态电流较大，从而导致低压蓄电池的电量消耗，使电池 SOC 降低。

② DC/DC 变换器故障，导致蓄电池无法正常充电。

③ 模块的控制逻辑，使得车辆电子系统在某些状态下无法完全让车辆“休眠”。

④ 很多新能源汽车增加了预约充电、远程 OTA、哨兵模式、远程控制等功能，导致蓄电池电量消耗增加。

⑤ 低压蓄电池的老化，导致蓄电池储电能力下降。

2）低压蓄电池亏电的解决方法

① 在车辆设计的时候，考虑车辆多场景应用，充分验证整体静态电流的大小，选择合适的低压蓄电池，保证足够的电力供应。

② 当低压蓄电池电量不足，需要外接电源辅助启动车辆时，应对车辆持续供电一段时间，将车辆高压系统启动起来，利用 DC/DC 变换器对低压蓄电池充电。

③ 及时了解低压蓄电池的状况，确保低压蓄电池始终处于良好状态。

二、DC/DC 变换器检测

DC/DC 变换器的作用是将动力电池输入的高压电转变为 13 V 左右的低压电，为低压系统以及为 12 V 低压蓄电池充电。图 4–9 为某型纯电动汽车上使用的独立式 DC/DC 变换器。

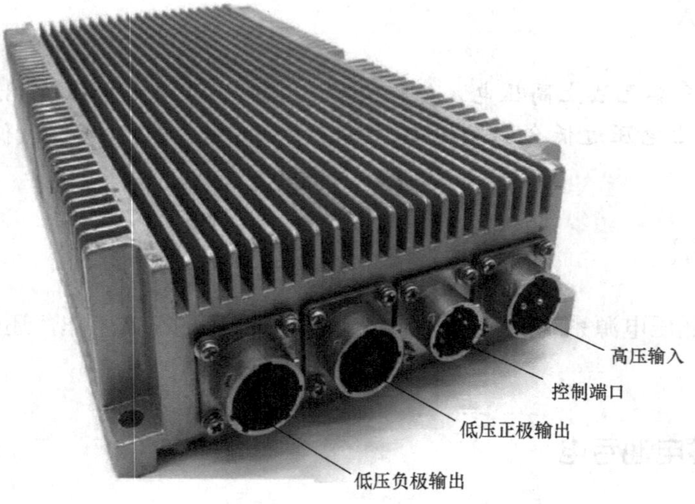

图 4–9　DC/DC 变换器

（1）检查外观。目测 DC/DC 变换器的外壳有无变形、有无明显的碰撞痕迹。检查 DC/DC 变换器外表面的散热片，有无脏物、异物，如有可使用压缩空气清除。

（2）检查线束。检查 DC/DC 变换器高、低压及通信连接线束是否牢固，有无破损、裂纹。

（3）检查连接螺栓。检查 DC/DC 变换器紧固螺栓有无松动、锈蚀。

（4）检测输出电压。① 在保证全车线束连接正常的前提下，关闭点火开关，测量 12 V 低压蓄电池的电压。② 整车上电，关闭全车用电设备，读取低压蓄电池两端电压。③ 通过两次电压值比较判断 DC/DC 变换器是否正常。

（5）检测绝缘性能。将 DC/DC 变换器的高压输入端拔出，用绝缘电阻测试仪分别测量高压正极、高压负极对变换器的绝缘电阻值，通常其阻值大于 500 Ω/V 可判定绝缘性能符合要求。

三、DC/DC 变换器故障诊断

一辆北汽 EV150 纯电动汽车无法上电，检查后发现低压蓄电池电压过低，对其充电后，蓄电池状态良好，但不久故障再次出现。利用故障检测仪读取故障代码，诊断仪显示故障码"P1792 DC/DC 变换器故障"。以此为例介绍 DC/DC 变换器故障诊断方法。诊断流程如图 4-10 所示。

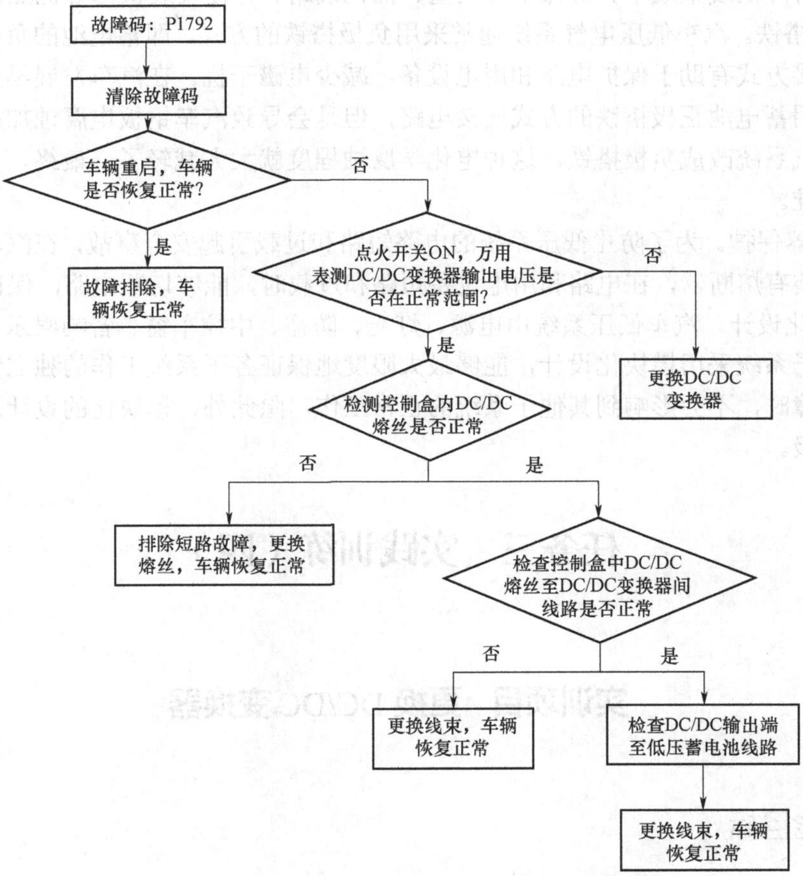

图 4-10　DC/DC 变换器故障诊断流程图

知识拓展

汽车低压电源系统的特点

电源系统是新能源汽车与传统燃油车在低压系统方面的最大区别。除此外，无论是传统燃油车还是新能源汽车的低压电源系统都具有如下特点：

1. 低压。汽车低压电源系统的额定电压有 12 V 和 24 V 两种，12 V 电源被普遍使用在汽油车和新能源汽车中，柴油车则更多采用 24 V 电源系统。汽车采用低压电源的目的是保证安全，预防触电事故的发生。

2. 直流。由于蓄电池是汽车上非常重要的一个电源，尤其是车辆处于静止状态时，设备的供电都是由蓄电池提供支持的，因此，汽车电气系统都采用直流电。无论是DC/DC变换器的输出还是发电机的电能输出都必须是直流电，以满足汽车对电力系统的要求。

3. 单线制。汽车的低压系统不同于高压系统，在高压系统中，为了保证高压安全，都采用双线制，即高压电源的正极和负极必须采用导线形成回路。但是在低压系统中，从电源的正极到用电设备通常只使用一根导线连接，而负极导线则由导电的车身替代。低压电源采用单线制，具有降低线束成本、降低车身质量、简化线路、方便安装检修等优点。

4. 负极搭铁。汽车低压电气系统通常采用负极搭铁的方式，即蓄电池的负极与车体相连接。这种连接方式有助于保护电路和用电设备，减少电磁干扰。在汽车发展早期的很长一段时间，都采用蓄电池正极搭铁的方式连接电路，但是会导致汽车钢板电腐蚀加剧，后来工程师把汽车电气系统改成负极搭铁，这种电化学腐蚀程度就大大减轻了。最终，负极搭铁成为国际通用标准。

5. 熔断器保护。为了防止低压系统的电路短路和过载引起安全事故，在汽车电气系统的电路中都安装有熔断器，在电路和用电设备短路和过载时，能够切断电路，保证安全。

6. 模块化设计。汽车低压系统由电源、灯光、防盗、中控车窗、音响娱乐等多个子系统构成。各个子系统采用模块化设计，能够最大限度地保证各子系统工作的独立性，在一个子系统发生故障时，不会影响到其他子系统的正常工作。除此外，模块化的设计还有利于子系统维护和升级。

任务三　实践训练（四）

实训项目　更换DC/DC变换器

技能目标

1. 掌握DC/DC变换器的功用。
2. 掌握DC/DC变换器的更换方法。

素养目标

1. 养成严谨细致的工作作风。
2. 树立安全生产的理念。
3. 培育工匠精神。

以大众ID.4为例介绍DC/DC变换器的更换流程。DC/DC变换器的输入电压为150～

475 V，带有高电压，会危及生命安全，必须由具备相应资质的人员切断高压电系统的电源。

1. 通过维修保养插头 TW（如图 4–11 所示），断开先导电路，然后在 TW 插头上用挂锁锁住，以确保高压安全。

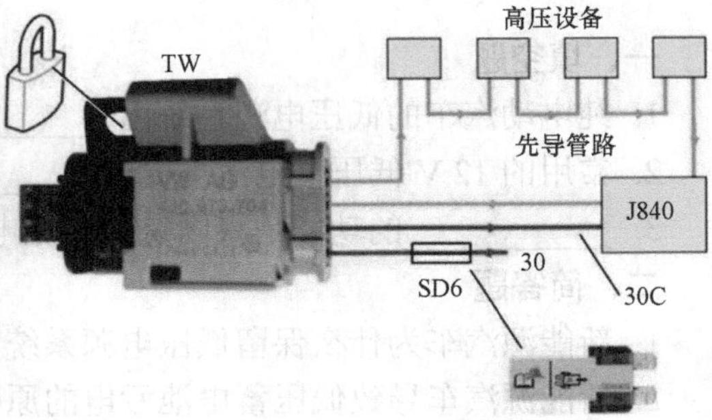

图 4–11　保养插头 TW

2. 断开蓄电池负极，并将蓄电池负极用绝缘胶带可靠包扎，防止误接触。
3. 排放冷却液。
4. 拆卸加热和空调装置的进气箱。
5. 松开冷却液软管上的卡箍，使其与 DC/DC 变换器分离。
6. 将 DC/DC 变换器与高压电气连接插头脱开。
7. 将正极导线的塑料盖上翻，断开 DC/DC 变换器上的 12 V 电源。
8. 用 M6 的扳手拆卸 DC/DC 变换器与车身的连接螺栓。

如图 4–12 所示拆卸完 DC/DC 变换器后对其更换，安装步骤即拆卸的逆过程。

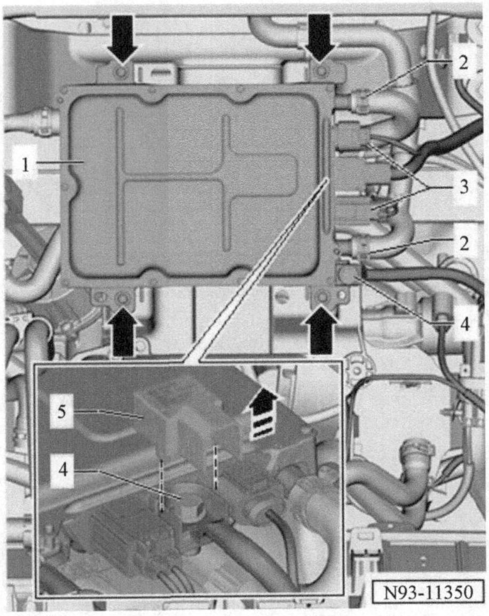

1—DC/DC 变换器；2—冷却液软管；3—高压电气连接插头；4—螺栓；5—塑料盖。

图 4–12　断开 DC/DC 变换器高低压插头

单元测试

一、填空题

1. 纯电动汽车的低压电源系统由__________和__________两部分组成。
2. 常用的 12 V 低压蓄电池主要有__________和__________两种类型。
3. __________的功能是将固定的直流电压转换为可变的直流电压。

二、简答题

1. 新能源汽车为什么保留低压电源系统？
2. 新能源汽车导致低压蓄电池亏电的原因有哪些？

三、课程思政讨论

作为复杂的工业产品，汽车的安全性、舒适性、高可靠性、高度智能化等是汽车生产企业和消费者的不断追求，推动了汽车技术的不断更新。DC/DC 变换器从开始的独立部件到现在的集成化，从最初的空气冷却到现在的液体冷却，技术的进步使其质量降低、体积减小，但是可靠性更高、输出功率更大。

在技术不断发展的今天，我们该如何应对这些变化？通过哪些途径能够增强我们的岗位适应能力？

参考答案：

一、填空题

1. 12 V 低压蓄电池 DC/DC 变换器

2. 铅酸蓄电池 锂离子电池

3. DC/DC 变换器

二、简答题

1. ① 新能源汽车下电后，所有的控制系统都要依靠低压蓄电池进行供电。② 在车辆上电前，高压系统的接触器处于断开状态，需要低压电源使接触器闭合。③ 如果取消低压蓄电池，在车辆用电设备全开的情况下，需要大量的电力供应，为满足供电需要必须增加 DC/DC 变换器的体积和输出功率，从而导致低压电源系统成本上升。④ 能够提高低压电源系统的冗余度。

2. ① 新能源汽车的各组成部分电子控制模块多，静态电流较大，从而导致低压蓄电池的电量消耗，使电池 SOC 降低。② DC/DC 变换器故障，导致蓄电池无法正常充电。③ 模块的控制逻辑，使得车辆电子系统在某些状态下没办法完全让车辆“休眠”。④ 很多新能源汽车增加了预约充电、远程 OTA、哨兵模式、远程控制等功能，导致蓄电池电量消耗增加。⑤ 低压蓄电池的老化，导致蓄电池储电能力下降。

三、课程思政讨论

略。

项目五

新能源汽车充电系统

任务一 动力电池充电方式概述

知识目标

1. 掌握新能源汽车对充电装置的要求。
2. 理解新能源汽车的充电方式。

素养目标

1. 增强环保意识，养成节约习惯。
2. 树立科技兴国的理念。

任务导入

纯电动汽车是依靠动力电池进行储能的，我们希望在充电过程中既能实现快速充电，也要让电池尽可能多的充入电能。这些要求就决定了在充电过程中的充电电压和充电电流是动态变化的，具体的充电要求是什么，本节内容将进行介绍。

理论知识

新能源汽车的动力来源是动力电池，动力电池能够将电网的电能转换为化学能进行储存，需要时再将化学能转换为电能进行释放，用于驱动车辆行驶或驱动其他用电设备。纯电动汽车动力电池放电后，需要利用电网电能，为动力电池补充能量。

一、新能源汽车对充电装置的要求

（1）安全性。要求充电装置在工作时能够确保人员和车辆的安全。在雨雪、雷电等环境下都能够安全可靠地进行工作，在安全事故可能发生时能够及时切断电源。

（2）使用方便性。充电过程智能化程度高，操作简单，在充电过程中不需要人员干预。

（3）成本经济性。价格低廉的充电设备有助于降低用车成本，有利于电动汽车的普及推广。

（4）充电效率高。高效率的充电设备能够使汽车充电速度更快，能量利用率更高。

（5）对供电电源的污染小。充电设备工作时会对供电网及其他用电设备产生有害的谐波污染，而且由于充电设备功率因数低，在充电系统负载增加时，对其供电网的影响也不容忽视。

二、新能源汽车的充电方法

合适的充电方法不仅能够实现高效快速充电，还能够有效延长电池的使用寿命，也能够最大限度地利用电池有效容量。动力电池的充电主要有恒压充电、恒流充电、脉冲充电三种方法。

1. 恒压充电

恒压充电（如图 5-1 所示）就是在电池的正、负极两端始终维持一个恒定电压值，这是一种最基本的充电方式。

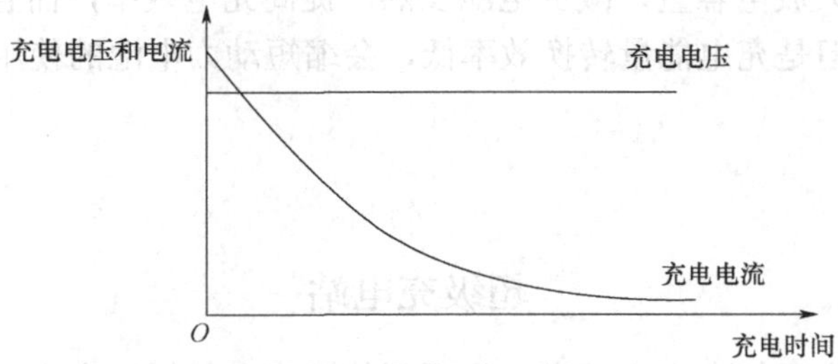

图 5-1 恒压充电曲线图

充电时，设定一个定值电压对电池进行充电，随着充电过程的不断进行，充电电流逐渐减小，当充电电流小于一定值后充电结束。充电初期的充电电流较大，易对电池极板产生大电流冲击，严重时可能会损坏电池，因此在充电开始阶段，要利用相关电路限制最大充电电流。在充电过程接近终了时，充电电流较小，有利于延长电池寿命，同时能够提高充电效果。

2. 恒流充电

恒流充电（如图 5-2 所示）是指在充电时，始终对动力电池提供一个恒定大小的电流进行充电。恒流充电的优点是充电效率高，能够实现快速充电，能够最大限度地利用电池能量。但是恒流充电由于充电电流始终一定，易导致电池的过热、过充等问题，从而缩短电池使用寿命。

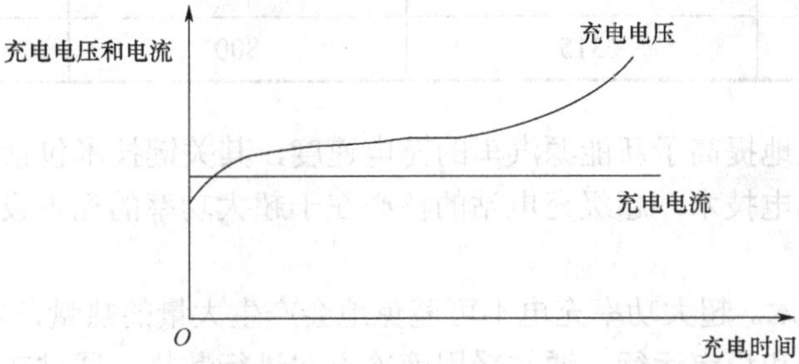

图 5-2 恒流充电曲线图

3. 脉冲充电

脉冲充电（如图 5-3 所示）就是利用脉冲电流对动力电池进行充电，然后停止充电一段时间，如此循环进行充电。脉冲充电不仅遵循动力电池固有的充电接受率，而且能够提高动力电池的充电接受率。

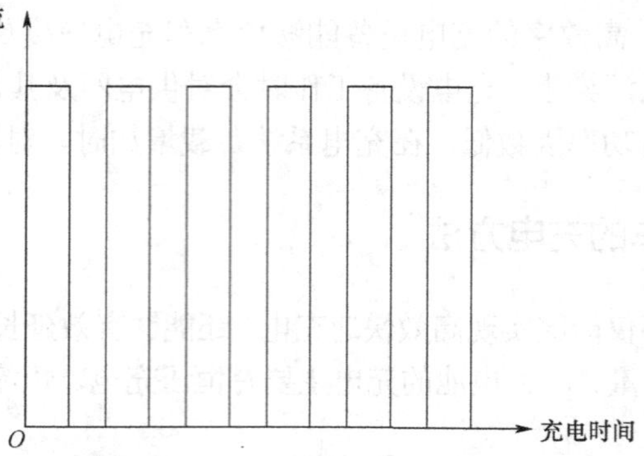

图 5-3　脉冲充电曲线图

脉冲充电能够增大放电容量，减少电池发热，提高充电效率，而且在充电过程中不会产生大量气体和热量。但是充电能量转换效率低，会缩短动力电池的使用寿命。

知识拓展

超级充电站

超级充电站能够实现超大充电功率，实现新能源汽车的快速充电。其核心特点在于其能够在极短时间内为车辆补充大量电能。通常，超级充电站能在 10 min 内将车辆电量从 20%充至 80%。普通快充桩充电功率通常在 30～300 kW，充电电流小于 300 A，而超级充电站能够实现不小于 350 kW 的充电功率，且持续充电电流不小于 400 A。

当前几款支持超级充电车型的相关参数如表 5-1 所示。

表 5-1　部分车型超充参数

车型	超充功率/kW	平台电压/V	峰值充电电流/A
蔚来 ET9	500	800	650
理想 MEGA	520	800	710
小鹏 G9	315	800	486

超级充电站极大地提高了新能源汽车的充电速度，其关键技术包括：

（1）超大功率充电技术。超级充电站的核心在于超大功率的充电设备，大功率充电是实现快速补能的关键。

（2）液冷散热技术。超大功率充电不可避免地会产生大量的热量，为了维持设备的温度，保证充电设备的安全和稳定运行，通常采用液冷方式进行散热。通过在充电枪和电缆之间设置液体通道，利用循环流动的冷却液进行散热，从而有效控制充电设备的温度。

（3）智能化管理系统。超级充电站配备了智能化管理系统，通过实时的数据采集，对充电状态进行健康监测，优化充电策略，实现高效、安全充电。

虽然超级充电站能够实现新能源汽车的快速补能，但是长期大倍率充电，会对电池的容量、功率、内阻产生一定的负面作用，影响动力电池的使用寿命。

任务二 动力电池充电装置

知识目标

1. 了解常规充电方式。
2. 掌握交流充电的过程和特点。
3. 掌握车载充电机的功能。
4. 掌握直流充电的过程和特点。

素养目标

培养严谨细致的工作作风，培养工匠精神。

任务导入

在纯电动汽车上通常有两个充电口，这两个充电口的适用场合是什么？具体有哪些区别？不同充电口的充电过程和特点是什么？

理论知识

动力电池的充电是新能源汽车使用过程中必不可少的环节，高效节能的充电直接影响着新能源汽车使用者的出行习惯和使用体验。同时，不同的充电方式也会影响动力电池的使用寿命。常见的充电方式主要有三种：常规充电方式、快速充电方式和换电方式。

一、常规充电

常规充电即利用车载充电机对动力电池进行充电，可使用家用电源或交流充电桩进行供电。常规充电供电电压通常为220 V或380 V，充电电流较小，一般不大于30 A，根据动力电池组的容量大小和充电机功率，充电时间一般为5～8 h。

常规充电的系统示意图如图5-4所示。家用电源通过充电线与交流充电接口连接，为车载充电机供电，车载充电机将输入的交流电转换为直流电并改变电压后输出，通过高压控制盒内的接触器为动力电池充电。同时，高压控制盒还将一部分高压电送至DC/DC变换器，将高压直流电转换为14 V左右的低压直流电为低压蓄电池充电。

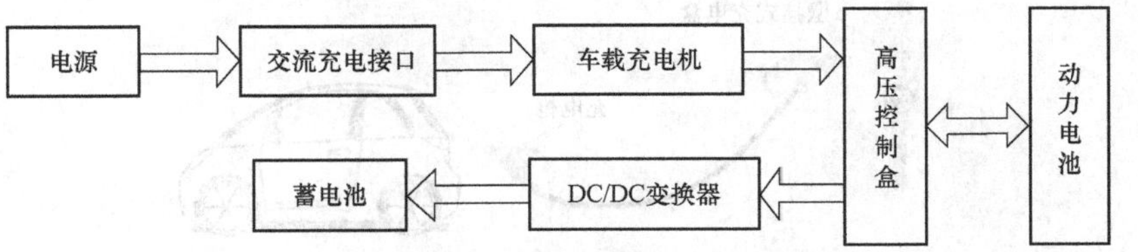

图5-4 常规充电系统示意图

1. 交流充电的三种模式

1）模式 1

如图 5-5 所示，充电枪上没有控制盒，汽车充电的时候直接通过充电枪的线缆插到家用交流插座上进行充电，无法与车辆建立通信，充电时无法确认最大电流强度、电压、温度等。因为安全性无法保证，目前，这种模式基本已经被淘汰了。

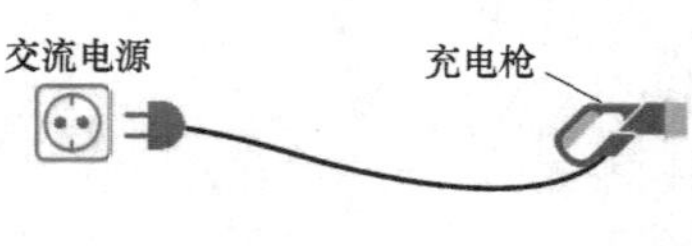

图 5-5　交流充电模式 1

2）模式 2

目前，市面上的便携式充电枪是主要的充电模式，如图 5-6 所示。其与模式 1 的区别就是加上了一个保护装置，也就是适配器，同时通过控制导线与车辆建立通信，可以在车辆和充电器之间交换充电参数。随车充电枪一般采用该模式，充电电流较小，一般为 8～16 A。图 5-7、5-8 所示为常见随车充电枪。

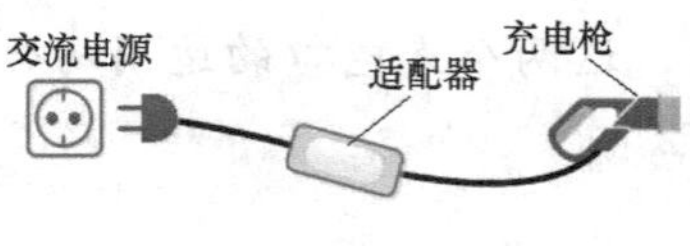

图 5-6　交流充电模式 2

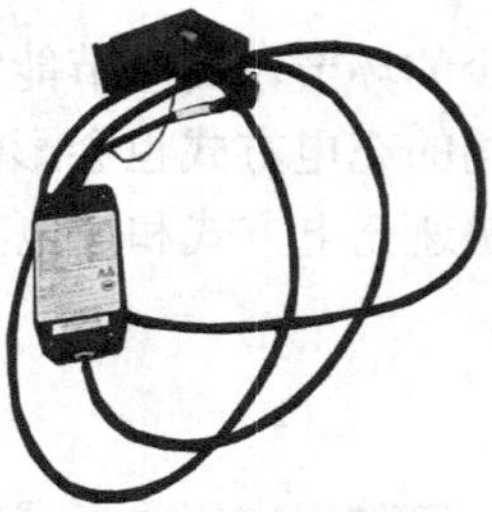

图 5-7　吉利帝豪随车充电枪

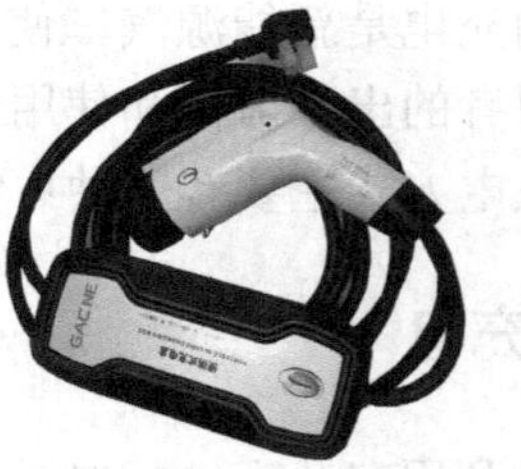

图 5-8　广汽埃安随车充电枪

3）模式 3

充电枪不连接家用交流电网，而是连接专用的交流电供电设备，也就是交流充电桩，如图 5-9 所示。这时的充电枪可以没有适配器，因为交流充电桩本身就起到保护作用。模式 3 既可以保证充电的安全性，也能在一定程度上提高充电速度（10/13/32/63 A）。壁挂式充电盒和交流充电桩都属于这种模式，如图 5-10、图 5-11、图 5-12 所示。

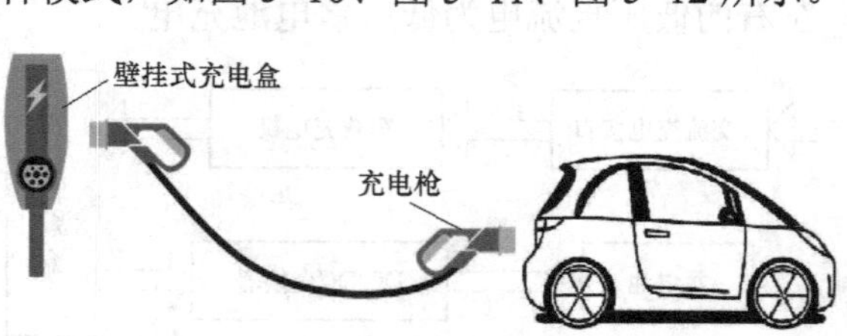

图 5-9　交流充电模式 3

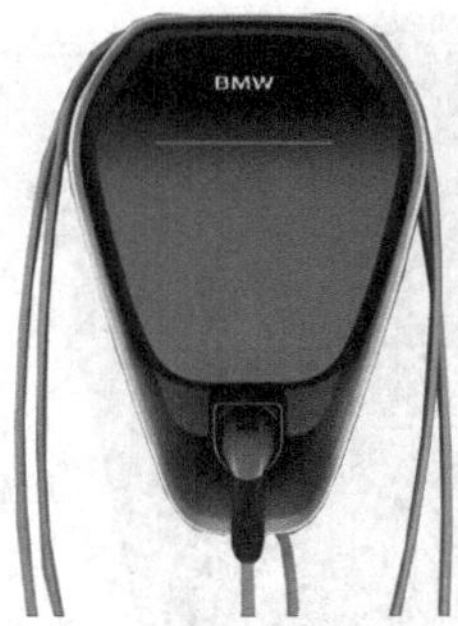

图 5-10 宝马壁挂式充电盒

图 5-11 比亚迪壁挂式充电盒

图 5-12 交流充电桩

2. 车载充电机（OBC）

车载充电机是电动汽车重要的电力电子设备。车载充电机应该具备以下几方面的功能：

（1）能够将电网的交流电转换为直流电。

（2）能对输入的电压进行变压，以适应动力电池的充电电压要求。

（3）能实现和电池管理系统的通信，判断电池连接状态是否正确，获得电池管理系统的总电压、总电流、SOC 值等实时数据，用于调节车载充电机的输出参数。

（4）能实现与整车 VCU 的通信，用于上传车载充电机的工作状态、工作参数和故障告警信息，接受启动充电或停止充电控制命令。

（5）具备完备的安全防护措施，包括交流输入过压保护、欠压告警、过流保护、直流输出过流保护、短路保护和输出软启动等功能。

当前，车辆大多将车载充电机（OBC）、电机控制器（MCU）、高压配电盒（PDU）、DC/DC 变换器等多个部件集成，多部件集成后使得整个系统体积更小、质量更轻，从而大大提高了新能源汽车的性能和效率，对新能源汽车续航能力的提升具有积极作用。多部件集成也能够减少整车接线，降低系统故障率。

比亚迪的多部件集成从开始的“三合一”、“四合一”发展到现在的“十二合一”，技术在不断进步，集成度也越来越高。

以比亚迪汽车典型的“四合一”（如图 5-13、图 5-14 所示）为例来对车载充电机部分进行介绍。

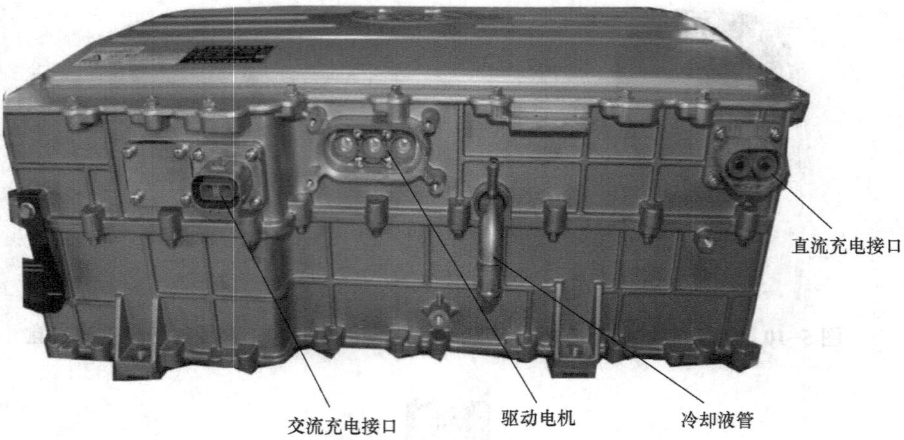

图 5-13　比亚迪“四合一”控制器正面

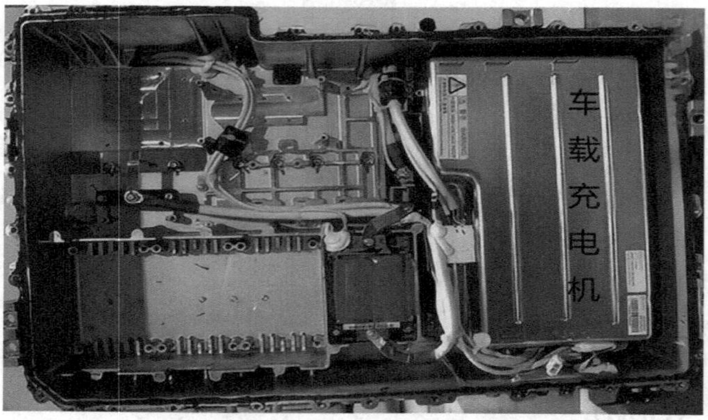

图 5-14　比亚迪“四合一”控制器内部（下层）

比亚迪“四合一”控制器的外壳采用铝合金制造，具有散热好、轻量化的特点。当前车载充电机的输出功率较之前有较大提升，为了控制发热量，通常都采用水冷系统进行散热。而采用的多层结构设计能够使其结构更加紧凑。

比亚迪“四合一”控制器有以下功能：

（1）直流充电升压功能。

（2）CAN 通信、故障处理记录、在线 CAN 烧写以及自检等功能。

（3）实现高压直流电转换成低压直流电为整车低压系统供电。

（4）实现整车高压回路配电功能以及高压漏电检测功能（高压配电箱及漏电传感器模块）。

（5）控制高压交、直流电双向逆变，驱动电机运转，实现充、放电功能（VTOG、车载充电器）。

车载充电机具有交、直流转换，双向充、放电控制功能；自动识别单相、三相相序并根据充电电流控制充电方式，根据充电设备识别充电功率，控制充电方式；根据车辆或其他设备请求信号控制车辆对外放电；断电重启功能；在电网断电又供电的时候，可继续充电功能。

3. 交流充电接口

交流充电接口（如图 5-15 所示）是将电网与车辆进行电力连接的端口，根据 GB/T 20234，我国的标准交流充电接口共有 7 个孔。具体的端口定义如表 5-2 所示。

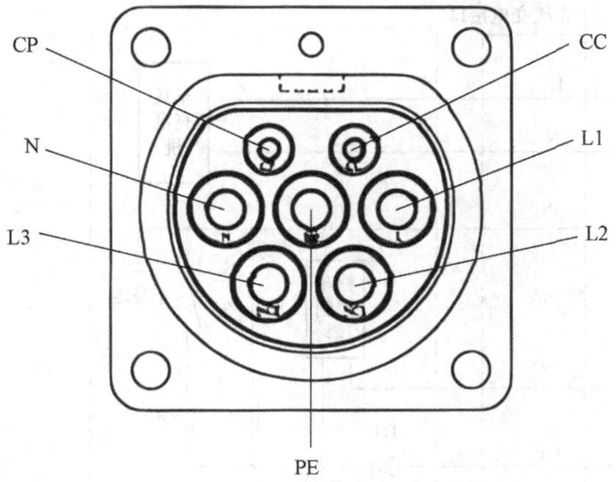

图 5-15　交流充电接口

表 5-2　交流充电接口端口定义

序号	名称	定义
1	L1	相线 A
2	L2	相线 B
3	L3	相线 C
4	N	中线
5	PE	接地保护
6	CC	充电连接确认
7	CP	控制导引

理论上交流充电接口支持两种电压等级的交流电，利用 L1 和 N 两个端口可为车辆提供 220 V 交流电，当 LI、L2、L3 分别与三相交流电接通时可提供 380 V 交流电。CC 端口是充电连接确认，用于验证充电桩与车辆之间的连接状态是否正常。CP 信号则通过 PWM 值来评估供电设备的供电能力。通过检测 CP 回路的 PWM 信号，确定交流充电桩所允许的最大供电电流，确保充电过程的安全和高效。

4. 交流慢充系统的结构组成和原理

1）结构组成

交流慢充系统的主要结构包括供电设备（交流充电桩、家用电源插座等）、符合国家标准的充电口、车载充电机、高压控制盒、整车控制器、高压线束、低压线束（电源线束、通信线束等），如图 5-16 所示。

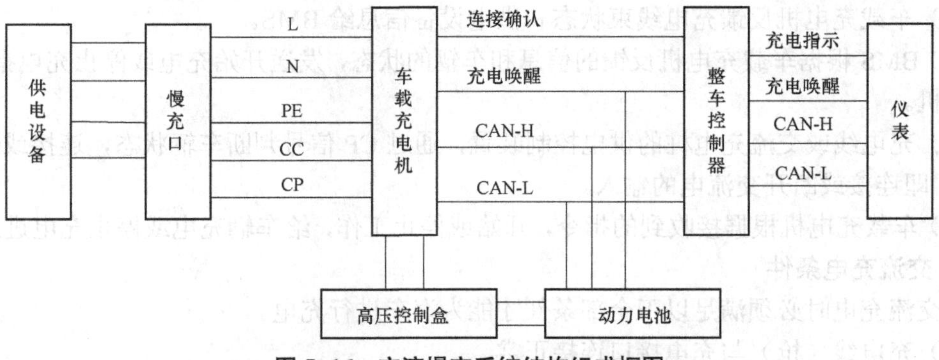

图 5-16　交流慢充系统结构组成框图

2）结构原理

交流慢充系统的结构原理如图 5-17 所示，充电枪与充电接口连接后，CC 信号传至整车控制器，唤醒仪表控制器，仪表充电连接状态灯点亮。与此同时，充电机唤醒整车控制器和电池管理系统，整车控制器唤醒仪表显示充电状态，并传输充电相关参数在仪表上显示。整车控制器将充电指令发送至电池管理系统，由电池管理系统控制主正接触器、预充接触器和负极接触器的接通，实现交流充电。

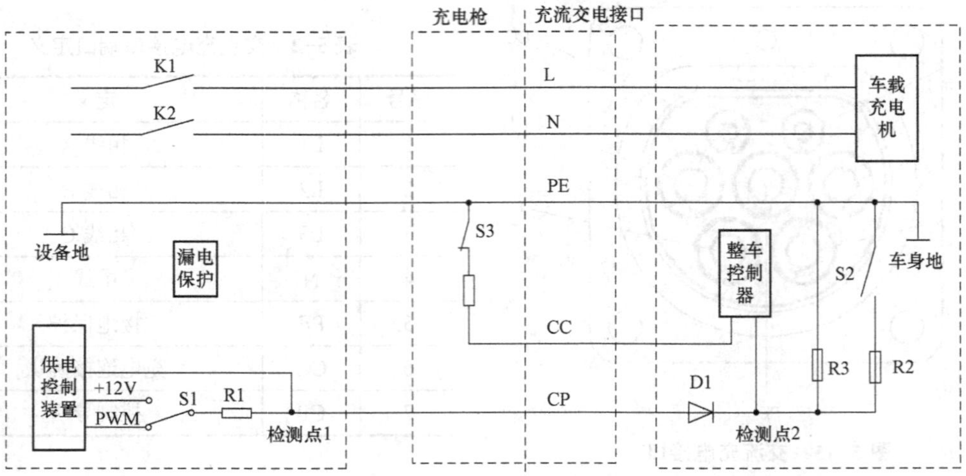

图 5-17　交流慢充系统结构原理图

5. 交流充电控制策略

新能源汽车进行交流充电时，其充电控制过程如下：

（1）车载充电机检测 CC 和 CP 信号，车载充电机可根据 CC 信号判断充电线的容量，根据 CP 信号判断供电设备的供电能力。

（2）车辆处于休眠或停车状态时，当充电插头插上充电插座时，车载充电机检测到 CC 或 CP 信号，自身唤醒。

（3）车载充电机自唤醒后，唤醒 VCU 和 BMS。

（4）VCU 和 BMS 被唤醒后，开始进入交流充电模式，并检测车辆状态，即车辆是否有故障，电池是否满电。

（5）车载充电机反馈充电线束状态和供电设备信息给 BMS。

（6）BMS 根据车载充电机反馈的信息和车辆的状态，发送开始充电或停止充电指令给车载充电机。

（7）充电线或交流充电桩的供电控制装置，通过 CP 信号判断车辆状态，连接或断开 K1 和 K2，即连接或断开交流电的输入。

（8）车载充电机根据接收到的指令，开始或停止工作，给车辆充电或停止充电进入休眠。

6. 交流充电条件

在交流充电时必须满足以下全部条件才能为汽车进行充电。

（1）充电线（枪）与充电接口连接正常。

（2）电网供电电压正常。

（3）车载充电机工作正常。

（4）充电唤醒信号正常（12 V）。

（5）车载充电机（OBC）、整车控制器（VCU）、电池管理系统（BMS）之间通信正常。

（6）动力电池电芯温度正常，满足充电温度要求。

（7）单体电池最高电压与最低电压压差小于 0.3 V。

（8）单体电池最高温度与最低温度差小于 15 ℃。

（9）绝缘性能正常，高压部件与壳体绝缘电阻不小于 20 MΩ。

（10）单体电池实际电压不大于额定电压 0.4 V。

（11）高压电路、低压电路连接正常。

二、快速充电

直流快充即利用直流充电桩对电动汽车进行充电。直流充电桩有较大的输出功率，输出电流一般能够达到 300 A，甚至达到 600 A，使用直流充电一般能够在 30 min 内充电至电池总容量的 80%，充电速度很快，对于长距离行驶车辆的电能补充具有重要意义。图 5-18 所示为直流充电桩。

图 5-18 直流充电桩

1. 直流充电系统的结构组成和原理

直流充电系统主要由非车载充电机、直流充电接口和车辆相关系统三部分组成，结构原理如图 5-19 所示。非车载充电机（直流充电桩）通常情况下由变电站直接供电，与车载充电机相比，没有质量和体积等方面的限制，因此直流充电桩可以输出更大的充电功率和电流，大大缩短充电时间。

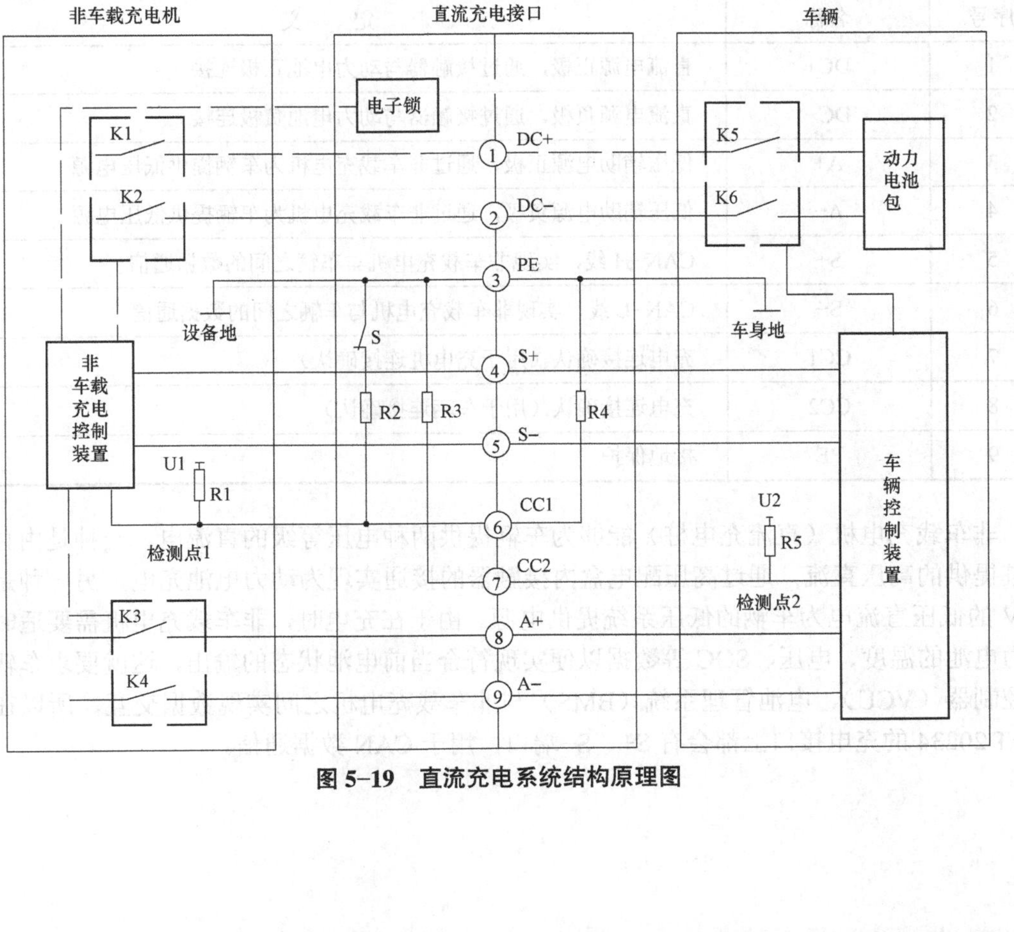

图 5-19 直流充电系统结构原理图

2. 直流充电接口

直流充电接口（如图 5-20 所示）是将直流充电桩与车辆进行电力连接的端口，根据 GB/T 20234，我国的标准直流充电接口共有 9 个孔。具体的端口定义如表 5-3 所示。

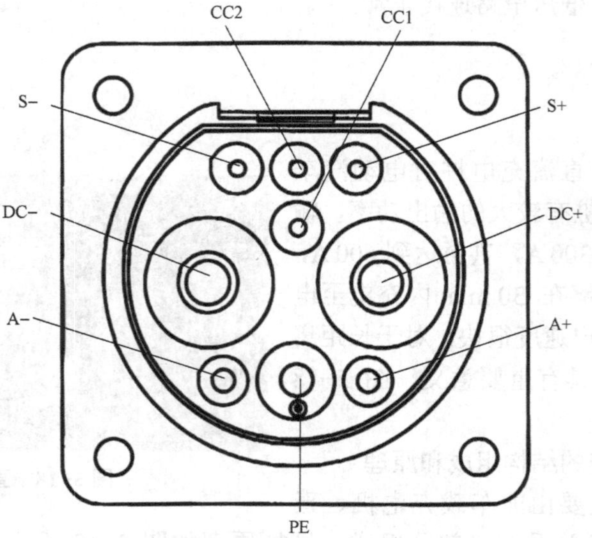

图 5-20 直流充电接口

表 5-3 直流充电接口端口定义

序号	名称	定 义
1	DC+	直流电源正极，通过接触器与动力电池正极连接
2	DC−	直流电源负极，通过接触器与动力电池负极连接
3	A+	低压辅助电源正极，通过非车载充电机为车辆提供低压电源
4	A−	低压辅助电源负极，通过非车载充电机为车辆提供低压电源
5	S+	CAN-H 线，实现非车载充电机与车辆之间的数据通信
6	S−	CAN-L 线，实现非车载充电机与车辆之间的数据通信
7	CC1	充电连接确认（用于充电桩连接确认）
8	CC2	充电连接确认（用于车辆连接确认）
9	PE	接地保护

非车载充电机（直流充电桩）能够为车辆提供两种电压等级的直流电。一种是由直流充电桩提供的高压直流，通过高压配电盒内接触器的接通实现为动力电池充电，另一种是输出 12 V 的低压直流电为车辆的低压系统提供电源。由于在充电时，非车载充电机需要适时获取动力电池的温度、电压、SOC 等数据以便实现符合当前电池状态的输出，这就要求车辆的整车控制器（VCU）、电池管理系统（BMS）与非车载充电机之间实现数据交互，所以在符合 GB/T 20234 的充电接口上都会有 S+、S−端口，用于 CAN 数据通信。

3. 直流充电条件

在直流充电时必须满足以下全部条件才能为汽车进行充电。

（1）充电线（枪）与充电接口连接正常；

（2）BMS 供电电压正常；

（3）充电唤醒信号正常（12 V）；

（4）直流充电桩、整车控制器（VCU）、电池管理系统（BMS）之间通信正常；

（5）动力电池电芯温度在 5～45 ℃，满足充电温度要求；

（6）单体电池最高电压与最低电压压差小于 0.3 V；

（7）单体电池最高温度与最低温度差小于 15 ℃；

（8）绝缘性能正常，高压部件与壳体绝缘电阻不小于 20 MΩ；

（9）单体电池实际电压不大于额定电压 0.4 V；

（10）高压电路、低压电路连接正常。

三、换电

换电也是当前电动汽车主流补电方式之一，虽然目前超级快充通过提高电压或电流来增加功率、提升效率，但其功率峰值输出的持续性可能会受到电网容量和安全因素的限制，就像家中总会避免多台大功率用电设备同时运行。

目前，部分厂家推出的超级快充，可以提供 600 kW 以上的充电功率，甚至 8C 的充电倍率，这两者都代表了目前充电技术的前沿。然而，在现实中，有多少充电桩能满足超充需要？多车同时充电时，电力资源会被分流，每车的充电功率实际上只有峰值功率的几分之一。所以即使采用的是超级快充，实际的充电效率与理论相比也会相差很多。

在电动汽车换电补能领域领先的蔚来汽车的换电站（如图 5–21 所示）已经发展至第四代，单次换电最低耗时仅需 2 分 24 秒，这样的补能速度远超直流快充。

图 5–21　蔚来汽车换电站

1. 换电补能的优点

（1）快速补能。换电模式允许在极短的时间内完成电池更换，比传统充电快得多，有效解决了新能源汽车的续航问题。

（2）降低成本。通过车电分离的模式，用户只需租赁电池而非购买，从而显著降低了购车成本。此外，集中充电可以优化用电低谷期的电能使用，进一步降低充电成本。

（3）提升安全性。专业的运营公司对电池进行集中管理和维护，可以更有效地监控电池状态，及时排除安全隐患，从而提升电池的安全性。

（4）节能减排。通过夜间低谷期充电，可以有效利用电能，减少二氧化碳排放，符合环保要求。

（5）促进电池回收利用。换电模式可以实现动力电池的集中管理和监控，可以及时发现电池的性能和状态，及时进行充放电、维修和更换，提高电池的使用效率和寿命。同时，换电模式可以方便地回收和利用报废的电池，减少电池的浪费和污染，实现电池的循环利用和绿色发展。

2. 换电补能的缺点

（1）技术标准缺失。换电模式需要统一的技术标准和服务规范，以保证换电的兼容性和安全性，但目前国内外还没有形成统一的换电标准，不同的车企、电池厂商、换电设备生产商和运营商之间还存在技术壁垒和利益分歧，导致换电模式的推广和应用受到限制。

（2）建设成本高。换电站的建设成本高于充电桩，且需要大量的备用电池和统一的技术标准，这限制了换电模式的推广。

（3）资源分配问题。换电站的布局和服务覆盖范围不足，尤其是在偏远地区和服务不成熟的区域，影响了用户体验和服务质量。

知识拓展

电磁兼容性

车辆的电源变换装置、电机控制器、驱动电机等在完成能量转换与传输的同时会产生宽频电磁波，将对车辆的电子控制系统产生干扰，形成复杂的电磁环境。电磁兼容性包含抵御环境中的电磁干扰和不对环境造成不能承受的电磁干扰两个方面的内容。

电磁兼容性实验室（EMC 实验室）可进行抗电磁干扰强度测试、电磁骚扰强度测试，满足国家标准要求的静电放电抗干扰、射频电磁场辐射抗扰度、电快速瞬变脉冲群抗扰度、工频磁场抗扰度、浪涌抗扰度和射频场感应的传导骚扰抗扰度等。

电磁兼容性是研究在有限空间、时间、频谱资源条件下，各种电气设备可以共存并不会引起性能下降的科学。GB/T 18387—2017 是专为电动车辆设计的 EMC 测试标准，它规定了电动车辆在 9 kHz～30 MHz 频率范围内的电场和磁场辐射发射强度的限值和测量方法。

一、电动汽车电磁环境分析

1. 车载干扰源

车载干扰源主要是指在电动汽车上搭载的各种电子设备、电气系统所产生的电磁干扰。汽车电路中出现的各种瞬变电压，或者电路开断瞬间触点之间产生的电火花和电弧等，都可能影响车上敏感设备的正常工作。车载干扰源主要有驱动系统、动力电池、功率变换器、继电器、电动辅助系统、开关、通信设备以及微处理器等电子设备。电压和电流的快速暂态会产生辐射和噪声，距离这些设备较近的电子设备有可能产生故障，特别是当电机驱动模块进行快速整流、电机起动、高压辐射时，更会引起较高场强的电磁干扰。车载干扰源的电磁传播模式很复杂，它有传导干扰和辐射干扰两种形式。

2. 自然干扰源

自然干扰源是指来自自然界的电磁干扰。其中比较典型的有来自太阳的磁暴、雷电天气产生的电磁辐射、静电放电等。大多数情况下，这种电磁噪声非常复杂，且对车辆的电磁骚扰影响可以忽略。但是静电放电、闪电等会产生很大的瞬变场强，这些干扰源会对车辆电子系统的正常工作产生一定影响，甚至会导致电子器件永久性损坏。

3. 人为干扰源

人为干扰源是指车辆外部人为产生的干扰源，包括周边其他车辆的电磁干扰、移动通信设备等发射的电磁波所产生的干扰，以及高压输电线电晕放电产生的干扰等。

二、抑制电磁干扰的措施

电磁干扰会对车载电子设备的正常工作产生严重负面影响，因此如何抑制和降低电磁干扰是汽车在设计、制造、维修中需要考虑的重要问题。为了有效降低电磁干扰，在汽车上通常采用以下措施。

1. 有源器件的选型和印制板设计

为了增强抗扰度并抑制骚扰，应从电磁敏感度、电磁骚扰发射、芯片封装和电源电压四个方面优选有源器件。由于噪声电流和瞬态负载电流是传导骚扰和辐射骚扰的初始源，为实现电源的完整性，应优选多层板，尽可能减小引线电感；减小门电路驱动线对地分布电容和驱动门输入电容；选用表面贴装器件；安装本地去耦电容和整体去耦电容。

2. 屏蔽

屏蔽是在两个区域之间建立电磁屏障，保护系统中的电子电路不受电磁环境干扰的最直接方法。屏蔽可以采用两种形式：① 主动屏蔽，使辐射的电磁能限制在特定的范围之内；② 被动屏蔽，防止外界的电磁能进入特定范围。线材通常采用具有屏蔽层的导线，对于电子元器件一般采用屏蔽盒提高抗电磁干扰能力。屏蔽能力用屏蔽有效度表示，屏蔽有效度与材料、厚度、应用频率、屏蔽层形状等因素相关。

3. 接地

接地就是在不同点位之间建立导电通路，其中的一点或多点是电气系统的电子元件，另外一点是参考点。接地系统抗电磁干扰的能力取决于减少接地电流和减小接地系统的电位差。

4. 滤波

屏蔽是为了解决电磁辐射干扰，而滤波是解决传导途径造成电磁干扰的主要方法，也是应用最广泛的抗干扰方法。能够实现滤波功能的部件称为滤波器，不同性能的滤波器能够根据信号与干扰信号之间的频率差异，提高信噪比，有效抑制干扰信号。

5. 采用先进的数据传输技术

CAN 网络的全称为“Controller Area Network”，即控制器局域网，是目前国际上应用最广泛的现场总线之一。CAN 通信利用两根双绞线进行数据传输，CAN 网络采用差分传输技术，极大地增强了抗干扰能力，最大传输距离可达 10 km，此时的传输速率为 5 Kbps；最高传输速率为 1 Mbps，此时的最大传输距离为 40 m，当采用 50 Kbps 的传输速率时，传输距离最远可达 1.3 km。另外，硬件的错误检定特性也增强了 CAN 的抗电磁干扰能力。

任务三　实践训练（五）

实训项目　交流慢充故障检修

技能目标

1. 理解交流慢充的工作过程和控制逻辑。
2. 掌握交流慢充故障诊断方法。

素养目标

养成严谨、细致的工作作风，培育探索精神。

新能源汽车不能充电主要有交流充电连接故障和交流充电系统故障两方面原因。本项目以比亚迪 e5 车型随车充电枪进行慢充为例，介绍新能源汽车无法充电的故障检修流程。

一、交流充电连接故障

检修交流充电系统前，首先用万用表测量电网的电压值是否正常，在电网供电正常的情况下再对充电系统进行检修。在满足充电条件后，供电装置内部开关和接触器闭合，电网向车载充电机提供 220 V 交流电压，如果供电装置内部电子开关或交流接触器出现故障导致车载充电机的输入电压低于 180 V，利用解码器读取数据流，会报输入电压欠压故障。

测量 CC 和 PE 端口之间的电阻值是否在 680Ω（1±3%），若电阻值不在此范围，检查 PE 线路是否短路；若电阻值在此范围，需要测量 CP 与 PE 端口之间的电压，若在 12 V ±0.8 V，则说明数据正常。拔下随车充电枪，将车载充电机系统的故障码清除。做好绝缘安全措施后，利用万用表测量交流慢充口 N 和 L 端口电压，如果万用表读取的电压值和解码器读取的输入电压数据基本相等，则证明外部交流供电设备故障（内部电子开关或交流接触器接触不良），需要更换随车充电枪。如果万用表测得的 N 和 L 端口电压明显比解码器读取的输入电压高，说明车载充电机内部存在故障，需要对车载充电机进行检修。

具体诊断流程如图 5–22 所示。

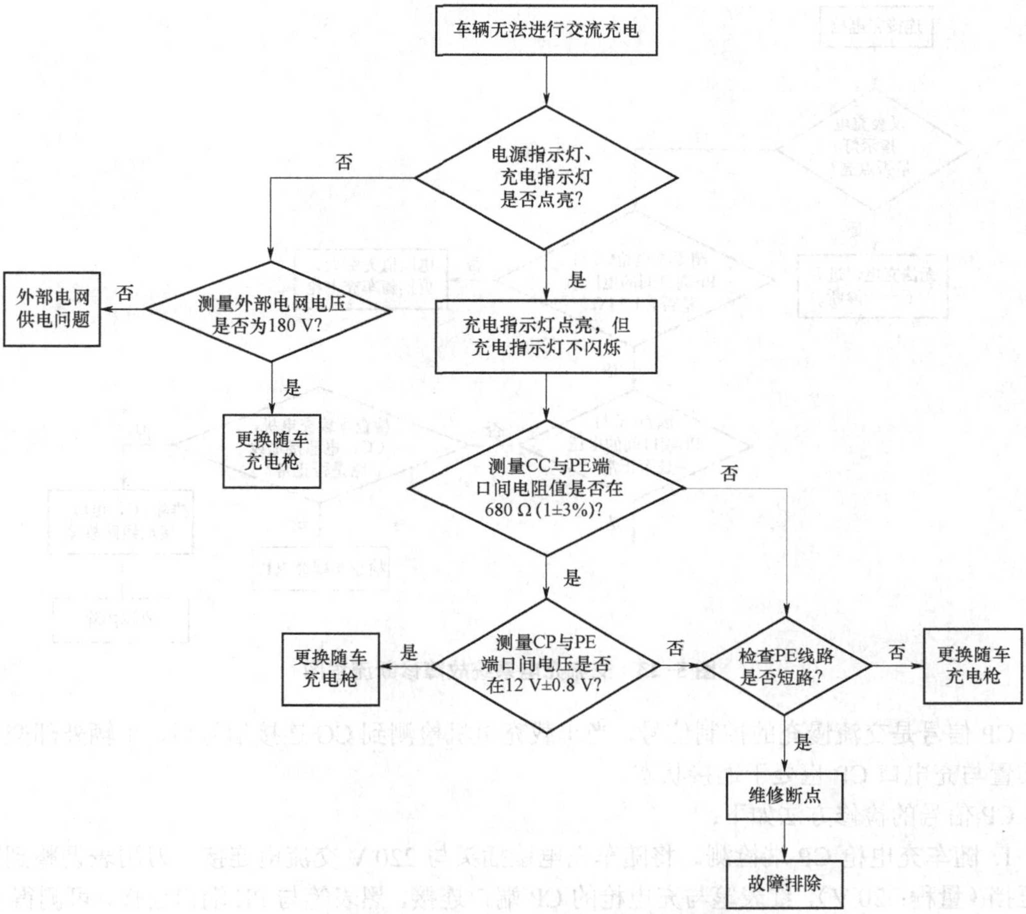

图 5-22 交流充电连接故障诊断流程图

二、交流充电系统故障

CC 端口是充电连接确认，用于连接检测信号，以及验证充电桩与车辆之间的连接状态是否正常。CP 信号则通过 PWM 值来评估供电设备的供电能力。通过检测 CP 回路的 PWM 信号，确定交流充电桩所允许的最大供电电流，确保充电过程的安全和高效。

CC 信号的检修方法如下：

1. 将万用表调整至直流电压挡（量程：20 V），红表笔接入 CC 端口，黑表笔接入 PE 端口。

2. 点火开关处于关闭状态，万用表应显示直流电压（5 V 或者 12 V），如果测得电压为 0 V，说明：① 车载充电机至充电口之间的 CC 线路短路或断路；② 车载充电机低压供电线路短路或断路；③ 车载充电机低压供电线路熔丝熔断；④ 车载充电机损坏。

如果充电枪与车辆的充电口连接后，仪表充电指示灯未点亮，车辆也不能进行交流充电，则说明交流充电系统存在故障，需要对其进行检修。

具体诊断流程如图 5-23 所示。

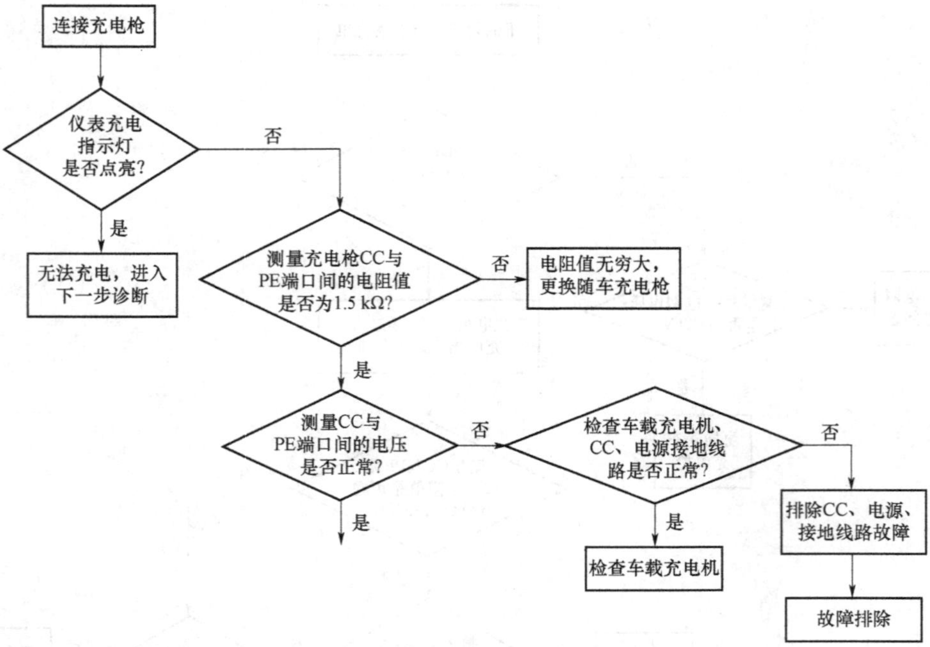

图 5-23　交流充电系统故障诊断流程图

CP 信号是交流慢充的控制信号，当车载充电机检测到 CC 连接信号后，车辆外部交流供电装置与充电口 CP 也处于连接状态。

CP 信号的检修方法如下：

1. 随车充电枪 CP 端检测。将随车充电枪插头与 220 V 交流电连接，万用表调整到直流电压挡（量程：20 V），红表笔与充电枪的 CP 端口连接，黑表笔与 PE 端口连接，可测得 12 V 电压。说明随车充电枪内部电源模块、控制模块、S_2 开关以及 900 Ω电阻正常。

2. 将万用表调整到二极管挡，红表笔与充电接口的 CP 端口连接，黑表笔与 PE 端口连接，可测得 2.2 V 左右的管压降。再将红表笔与充电接口的 PE 端口连接，黑表笔与 CP 端口连接，测得电压为 0 V，说明交流充电接口的 PE 端口正常。

3. 车辆连接解码器，读取 CP 信号波形。压下充电枪开关 S_1 波形显示脉冲调制信号电压为 9 V，松开充电枪开关 S_1 波形显示脉冲调制信号电压为 6 V，说明 CP 信号正常，车辆满足充电条件。

单 元 测 试

一、填空题

1. 动力电池充电主要有________、________、________三种方式。

2. 常规充电供电电压通常为_______或_______，充电电流较小，一般不大于______。

3. 直流充电接口中，_______和_______可实现车辆与直流充电桩之间的通信。

4. 通过检测________回路的 PWM 信号，确定交流充电桩所允许的最大供电电流，确保充电过程的安全和高效。

5. 交流充电时，__________、__________、__________之间能够正常通信。

6. 直流充电系统主要由___________、___________和___________三部分组成。

二、选择题

1. 交流充电接口的控制导引是（　　）。

A. PE　　B. N　　C. CC　　D. CP

2. 下列补充电能的方式中，速度最快的是（　　）

A. 换电　　B. 交流充电　　C. 直流充电

3. 直流充电接口中，（　　）能实现车辆与充电设备的连接，且能够起到高压安全防护作用。

A. PE　　B. CC1　　C. CC2　　D. A+和 A−

三、简答题

1. 新能源汽车对充电装置的要求有哪些？

2. 车载充电机应该具备哪些功能？

四、课程思政讨论

2023 年，我国新能源汽车销量达到 949.5 万辆，较 2020 年的 136.7 万辆增加了 594%。新能源汽车销量的增加不仅是因为车企提供了更优秀的汽车产品及消费者对新能源汽车认可度的增加，充电桩的普及也至关重要。据统计，2020 年，我国公共充电桩的数量为 55.8 万个，2023 年这一数量增加到 227.2 万个。住建部对充电停车位数量也有相关要求，“新建居民住宅小区新能源汽车充电停车位配置数量不得低于建筑配建机动车停车位总数的 35%”。

我国新能源汽车的高速发展是多方努力的结果，电网、住建、城市规划等部门都在承担相应的社会责任。作为年轻一代该承担哪些社会责任？怎样才能让自己成长为“有理想、有能力、有担当”的新时代青年？

参考答案：

一、填空题

1. 恒压充电　恒流充电　脉冲充电
2. 220 V　380 V　30 A
3. S+　S−
4. CP
5. 车载充电机（OBC）　整车控制器（VCU）　电池管理系统（BMS）
6. 非车载充电机　直流充电接口　车辆相关系统

二、选择题

1. D　2. A　3. A

三、简答题

1. ① 安全性；② 使用方便性；③ 成本经济性；④ 充电效率高；⑤ 对供电电源的污染小。

2. ① 能够将电网的交流电转换为直流电；② 能对输入的电压进行变压，以适应动力电池的充电电压要求；③ 能实现和电池管理系统的通信，判断电池连接状态是否正确，获得电池管理系统的总电压、总电流、SOC 值等实时数据，用于调节车载充电机的输出参数；④ 能实现与整车 VCU 的通信，用于上传车载充电机的工作状态、工作参数和故障告警信息，接受启动充电或停止充电控制命令；⑤ 具备完备的安全防护措施，包括交流输入过压保护、欠压告警、过流保护、直流输出过流保护、短路保护和输出软启动等功能。

四、课程思政讨论

略。

项目六

动力电池检测与试验

任务一　新能源汽车动力电池检测

知识目标

1. 理解检测动力电池的原因。
2. 掌握动力电池检测的基本项目。

素养目标

1. 牢固树立安全作业意识，提高自我保护能力。
2. 养成严谨规范的操作习惯，培养团结协作精神。

任务导入

一辆纯电动汽车行驶过程中遭遇托底，动力电池可能受到损伤，需要立即进行检修。动力电池的检测涉及多个关键技术参数，该如何进行相关项目的检测？

理论知识

动力电池是新能源汽车的核心部件，也是新能源汽车上价格最高的部件之一。动力电池的性能好坏直接决定了电动汽车的性能，因此对动力电池技术状况的检测是必不可少的，也是确保电动汽车行车安全的重要环节。在进行动力电池检测之前，我们需要了解动力电池系统的结构组成。

一、动力电池系统的结构组成

动力电池系统是电动汽车的重要能量来源，一个完整的动力电池系统主要包含三部分：

1. 动力电池包

动力电池包是动力电池系统的储能核心部件。单体电池也称为电芯，是动力电池包中最小的储能单元。由于锂离子电池具有能量密度高、使用寿命长等优点，在新能源汽车上被广泛使用。新能源汽车常用的单体电池大部分采用方形电芯，也有个别车型采用圆柱形电芯，如特斯拉使用的 4 680 电池。

由于单个电芯无论是电压还是容量都不足以满足车辆的驱动需要，需将多个电芯串联或并联，才能实现驱动车辆所需的高电压、大电量。电池模组是将多个电芯串联或并联，再加上起到汇集电流、收集数据、固定保护电芯等作用的辅助结构件，所形成的模块化电池组。

将若干电芯或电池模组、热管理系统、电池管理系统（BMS）、电气系统及结构件组合在一起，形成一个整体单元，即动力电池包，如图 6–1 所示。

图 6–1　动力电池包

2. 电池管理系统

电池管理系统（BMS），俗称电池管家，是一种能够对动力电池进行监控和管理的电子装置，通过对电压、电流、温度以及 SOC 等参数进行采集、计算，进而控制电池的充放电过程，防止电池出现过充、过放、过流等情况，延长电池的使用寿命。电池管理系统的好坏对动力电池的性能、安全和寿命有着直接影响。

3. 辅助元器件

辅助元器件包括动力电池系统内部的电子电器：主正接触器、主负接触器、预充接触器、预充电阻、高压熔断器、高/低压插座、高/低导线，还包括密封条、绝缘材料等。

二、动力电池的检测

动力电池的技术状况直接影响电动汽车的使用和安全。针对动力电池的检测，主要涉及外观、荷电状态（SOC）、内阻、容量、循环寿命、一致性等方面。

1. 外观的检查

动力电池总成（外观如图 6–2 所示）包括动力电池模组、电池管理系统、动力电池箱、辅助元器件等。首先，外观的检查需要在良好的光线条件下进行，用目视法检查动力电池仓及单体。重点检查动力电池外壳是否有凹陷、裂痕或渗漏等损坏迹象，标识是否清晰。同时，还要检查动力电池连接处是否牢固，线束是否老化，以确保动力电池的密封性和安全性。

2. 电压的测量

测量动力电池电压的目的是获取动力电池的电压信息，通过测量电压可以更好地了解电池包和单体电池的情况，进而评估整个电池包的状态。通常应在测量前做好安全防护准备，包括穿防护服、绝缘鞋，戴安全帽和绝缘手套，确保个人安全；还应在测量之前，断开车辆动力系统的电源。在测量过程中，首先应选择合适的电压测量仪或万用表等工具，确保量程覆盖所测电压范围，检测动力电池的正、负极端电压，记录每个测量结果，并进行检查和分析。依据电池供应商提供的电压数据，确保电池在正常范围内工作。

图 6-2　比亚迪宋动力电池组

3. SOC 状态检测

荷电状态（SOC）是电池管理的一项重要指标，尤其是对动力电池而言。它指的是电池的剩余容量占电池总容量的比值。SOC 用于确定电池的剩余容量，而剩余容量对于预测电池的性能和使用寿命至关重要。

由于动力电池的 SOC 与多种因素相关且不具有线性关系，这给 SOC 实时在线估算带来很大的困难，目前还没有一种方法能十分准确地测量出电池的荷电状态。测量电池的荷电状态并不是一项简单的任务，主要的测量方法有多种，比如开路电压法、安时积分法和内阻法等。

1）开路电压法

开路电压法是一种简单易行的 SOC 估算方法，无需额外的测量和计算。它利用的是电池的开路电压与 SOC 之间存在一定的对应关系的原理。当电池处于无载荷状态下，其电压即为开路电压，通常被视为电池的静态特性之一。借助事先建立的电池开路电压与 SOC 间的模型或查阅已有开路电压-SOC 关系曲线，便可根据当前测得的电池电压来估算出其对应的 SOC 值。此方法需要静置时间，以达到稳定状态，且受环境因素的影响，只适用于一些对估算精度要求不高的应用场景。

2）安时积分法

安时积分法（也称电流积分法或库仑计数法）是通过负载电流的积分估算 SOC，该方法实时测量电池流入和流出的电流，进而得到充入电池和从电池放出的容量，从而能够给出电池任意时刻的剩余容量。实现起来相对较简单，受电池本身情况的限制小，宜于发挥实时监测的优点，简单易用、算法稳定。为了能使电流测量的精度得到提高，通常采用高性能电流传感器来测量电流。相对于开路电压法的长期存放或静置来获取开路电压，安时积分法更加可靠。目前，该方法已成为电动汽车上使用最多的估算 SOC 的方法。

3）内阻法

内阻法是一种利用测量电池内阻变化进行 SOC 估算的方法。因为电池的 SOC 与电池的内阻有一定的联系，可以利用电池内阻与 SOC 的关系来预测 SOC。通过实时监测电池的电压、电流及温度等参数，结合已知的电池数学建模和分析算法，实现对 SOC 的动态估算。由于电池的内阻会随着充放电过程发生变化，因此在不同 SOC 下具有不同的电阻值。通过捕捉这一变化趋势并对相应的数据进行分析处理，就能得到较为准确的 SOC 估值。

需要注意的是，内阻法在实际应用中还要受多种因素的影响，如电池的老化程度、温度和自放电等。因此为准确获得 SOC 估值，需要综合考虑这些影响因素，并采用适当的算法和模型进行数据处理和分析。另外还要考虑测量设备的精度和误差，以及测量过程中的安全问题。

新能源汽车动力电池常用的内阻检测工具是动力电池内阻测量仪（外观如图 6–3 所示）。使用专用内阻测试仪对动力电池内阻进行测量，避免因内阻增大导致严重后果。它的测量原理是通过检测电池不同负载下电压降和电流的关系换算出内阻，内阻的大小可以用来判断电池的健康状况。同时，内阻测量是一个比较复杂的过程，通常电池的内阻确实很小，不便于直接测量，一般要用毫欧来度量它。目前常用的是直流放电法和交流阻抗法。

图 6–3　动力电池内阻测量仪

① 直流放电法。

直流放电法是一种通过测量电池在瞬间大电流放电过程中的电压和电流来计算内阻的方法。这种方法的优点在于其高精度，如果控制得当，测量精度可以控制得非常高。直流放电法的具体步骤：首先，测量电池的开路电压；然后使用一个直流放电测试仪（如图 6–4 所示），给电池一个恒流放电的条件，同时测量放电电流和放电时的电压；最后，根据欧姆定律 $R=V/I$（其中 R 是内阻，V 是电压，I 是电流）计算出电池的欧姆内阻。但此测量方法也有明显的不足之处：只能测量大容量电池或者蓄电池，小容量电池无法在 2～3 s 内负荷 40～80 A 的大电流；当电池通过大电流时，电池内部的电极会发生极化现象，产生极化内阻。故测量时间必须很短，否则测出的内阻值误差很大，大电流对电池内部的电极有一定损伤。

图 6–4　直流放电测试仪

② 交流阻抗法。

交流阻抗法不仅是一种有效的电化学研究工具，也是一种精确测量电阻的方法。在交流阻抗法的测试过程中，通过施加小幅度的交流信号并观察系统的响应，同时测量相应的系统电势或电流随时间的变化，或者直接测量系统的交流阻抗或导纳（阻抗与导纳互为倒数），可以获得关于电化学系统的许多重要信息，包括电阻和电抗等电学特性。该方法特别适用于研究电池性能评估等领域，它的优点在于不需要对待测电池进行破坏性操作，因此是一种非破坏性的测试方法，适合对动力电池进行非破坏性检测和分析。

4. 容量检测

电池容量是衡量电池性能的重要指标之一，表示在一定条件下（包括放电率、环境温度、终止电压等），供给电池或者电池放出的电量，即电池存储电量的大小。电池容量单位通常以安时（Ah）或者瓦时（Wh）表示。Ah 是国内外标准中通用的容量表示方法，作为电池的容量单位，表示电池可以存储多少电量，常用于表示电动汽车电池的参数。图 6–5 所示为电池容量测试仪。

图 6–5 电池容量测试仪

电池容量检测的通用流程为：放电阶段→搁置阶段→充电阶段→搁置阶段→放电阶段。具体为：采用专用的电池充放电设备进行测试电路连接，在特定测试环境参数下，比如温度、湿度、大气压等，蓄电池以合适的电流稳定放电，至蓄电池电压达到技术规范或产品说明书中规定的放电终止电压时停止放电，静置一段时间，然后再进行充电。

充电一般分为两个阶段，先以恒定的电流充电至蓄电池电压达到技术规范或产品说明书中规定的充电终止电压，再转为恒压充电，此时充电电流逐渐减小，至充电电流降至一定数值时停止充电，充电后静置一段时间。在特定测试环境参数下以固定的电流进行放电，直到放电终止电压为止，用电流值对放电时间进行积分可以计算出容量（以 Ah 计）。

5. 寿命检测

动力电池在使用过程中的容量会逐渐减少，导致这一现象的因素有很多，包括内部和外部两方面的因素。内部因素主要包括电极材料的变化、锂离子活跃数减少、内阻增大以及电解质减少；外部因素包括环境温度、气体的产生、设计制造问题以及使用不当等。一般认为，当蓄电池只能充满原有容量 80%的时候，就不再适合继续在电动汽车上使用，需要进行梯次利用、回收、拆解和再生。另外，电池的寿命有循环寿命和日历寿命之分，其中应用最多的是循环寿命，通过循环测试模拟动力电池在使用过程中的循环寿命和容量衰减情况。

循环寿命测试的常规方法就是容量测试充放电过程的循环，包括完全充放电循环和部分充放电循环两种方式。通常测试参数是充放电电流 $1C$（完全充放电）和 $0.5C$（部分充放电），测试环境温度是 25 ℃，如此连续重复若干次，再将电池充满电，将电池放电到放电终止电压时检测其容量。

合格的标准是电池在经过 500 次循环后，剩余容量不低于首次放电容量的 90%；在经过 1 000 次循环后，剩余容量不低于首次放电容量的 80%。如果蓄电池容量小于额定容量的 80% 时，应终止试验，充放电循环在规定条件下重复的次数即为循环寿命。

6. 一致性检测

电池一致性其实是电池性能和安全的关键因素，但往往易被忽略。电池一致性指的是电池组中各个单体电池在性能参数上的一致程度，包括电压、容量、内阻等方面的差异程度。电池一致性问题主要源于生产过程中的工艺差异和使用过程中的性能差异，随着电池使用时间的增加，电池一致性问题更为突出，这些问题不仅使电池组的实际放电容量降低，影响设备的功率输出和续航时间，严重时还有可能发生热失控问题，导致故障的发生，因此电池一致性的检测与评价非常必要。

1）开路电压测量法

开路电压测量法是一种简单的测量电池一致性的方法。通过单独测量每个单体电池的电压，可以评估它们的放电过程和一致性。保证电池开路电压的一致，是保证性能一致的一个重要方面。这种方法的缺点是不能涵盖容量和内部电阻等其他锂电池性能指标。

图 6-6　电池分容柜

2）容量测量法

电池容量是体现电池性能的另一个重要参数。可按标准的容量测试流程计算容量，再根据容量及分布对一致性进行评价。常采用电池分容柜设备，如图 6-6 所示。这种方法具有操作简单、设备便宜、厂家易于实施等特点，但工作状态和使用环境不同，都会引起电池电压、容量特性的变化，在指定条件下的容量一致，并不能保证电池在实际充放电过程中保持一致。

3）内部电阻测量法

此方法是通过短时间内测量多个单体电池的内部电阻，并对内阻数据一致性进行分析的方法。

7. 温度的检测

动力电池需要在电池性能最佳的温度范围内工作，这样电池的电芯活性最好，能够提供最佳的电力输出和较长的使用寿命，所以对动力电池温度的监测非常关键，防止电池出现过冷或过热的现象。在维修检测过程中，常采用的检测方法有热敏电阻采集法、热电偶采集法、红外测温等。图 6-7 所示为常用的温度检测装置。

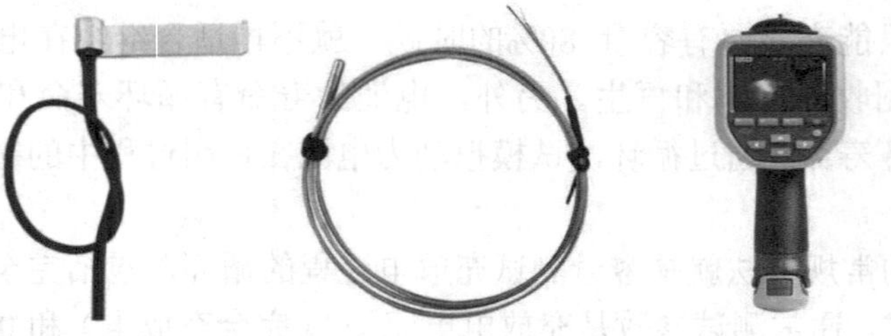

图 6-7　温度检测装置

1）NTC 热敏电阻温度传感器

这类温度传感器常用于动力电池上。通常由 NTC 热敏电阻、探头（金属壳或塑胶壳等）、延长引线，以及金属端子或连端器组成。主要是利用电阻随温度变化的原理进行工作，具有体积小、响应快的优点。它能直接测量温度并转换成电信号输出，便于电池管理系统进行实时监控和调整。此外，热敏电阻还具有价格适中、易于集成到电池管理系统中的特点。

2）热电偶温度传感器

热电偶温度传感器利用两个不同金属的电势差来测量温度。当热电偶两端存在温度差时，会产生电势，通过测量电势可以实时推算出温度值。适用于极低或极高温度的测量场景，测量范围较广、准确度较高，它多用于要求严格的动力电池测温场合。

3）红外线温度传感器

红外线温度传感器是一种非接触式测温方式，不需要与电池直接接触，就能够通过接收电池的红外辐射信号，计算出电池的表面温度。具有响应快、非接触、使用安全及使用寿命长等优点，但红外线温度传感器对使用环境有一定要求，比如不能有遮挡物等。因此红外线温度传感器更适合用于对电池外观进行温度测量，而不是直接测量电池内部温度。

8. 充放电的检测

动力电池在特定的电池充放电制度下，通过连接专用充放电设备，可以对动力电池进行充放电检测。这个检测用于评估电池的容量和稳定性，测量结果能够充分反映出电池的容量状况和充电过程情况。如图 6-8 所示为专用充放电设备。

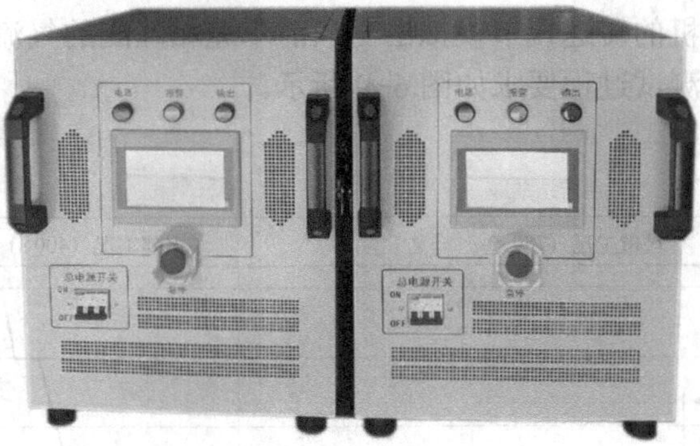

图 6-8 专用充放电设备

9. 电池管理系统的检测

电池管理系统检测的重要性是不可忽视的。电池管理系统作为动力电池、电动汽车和驾驶员沟通的桥梁，不仅是电池安全的守护者，也是电池性能的优化者和寿命的延伸者，还能够准确显示剩余电量，计算出剩余的续航里程。此外，电池管理系统所记录的详尽数据对于评估电池剩余价值至关重要。通常采用实物测试的方法，包括检查电池管理系统软硬件的工作情况，验证其数据处理和通信功能；测试不同工况下电池管理系统的工作状态，验证其充电控制和能量管理功能。

10. 动力电池包绝缘的检测

为防止因电池组内部短路引起的安全事故，需要定期进行绝缘检测，以及时发现电池组内部的绝缘故障或缺陷。因此，掌握正确的动力电池包绝缘检测方法是非常必要的。

常用的检测方法如下：首先，保证基本试验条件，电池包或系统均以制造商规定的完全充电状态进行，试验环境温度为22 ℃±5 ℃，湿度为15%～90%，电压检测工具内阻不小于10 MΩ。其次，将绝缘监测功能关闭，关闭起动开关，断开蓄电池的负极，断开手动维修开关，等待3～5 min。再次，拆开充电配电总成的上盖，佩戴绝缘防护手套，用万用表测量高压母线之间的电压，若小于10 V，则断开电池输出高压母线。最后，使用绝缘电阻测试仪测量高压导线正极和负极与搭铁间的阻值，按下测试按钮，仪器瞬间释放高压电。测试过程中注意个人防护，测量完成后需对测量点进行搭铁放电，并确保线束及插头复位。电动汽车的绝缘电阻标准是在最大工作电压下，直流电路绝缘电阻不小于100 Ω/V，交流电路绝缘电阻不小于500 Ω/V。绝缘电阻的数值越大，表明系统的绝缘性能越好。

知识拓展

NEDC测试

为了能够有效评估纯电动汽车在行驶中的能耗情况，需要制订一个统一且有效的测试标准。NEDC，全称“New European Driving Cycle”，也被称为“新标欧洲循环测试”，是一种源于欧洲的续航测试标准。目前，欧洲、澳大利亚都采用这一测试方法，我国工信部在评估新能源汽车的综合续航里程时也采用了这一标准。

NEDC规定，在车辆进行测试前，测试车辆被固定在实验室的滚筒台架上。在车头位置安装鼓风机，通过鼓风机的转速调节模拟出与当前车速相匹配的气流，随后车辆便可在台架上开始模拟行驶。具体测试过程要求如图6–9所示。

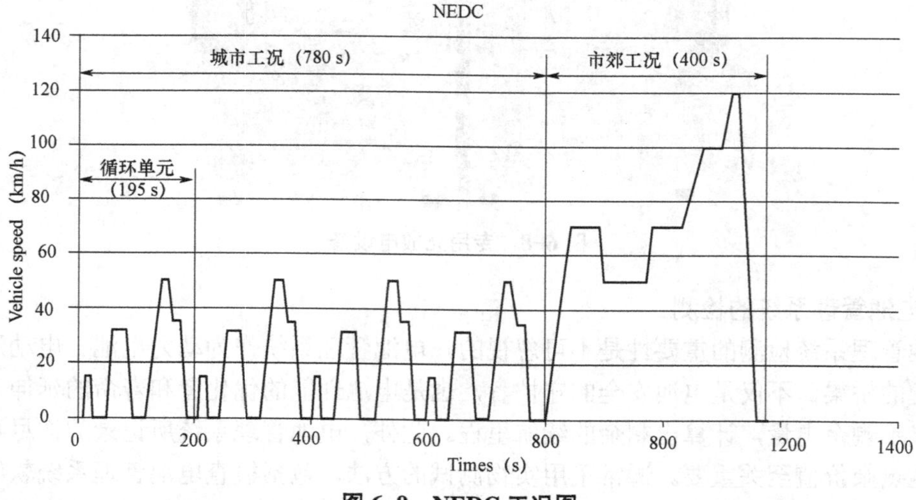

图6–9 NEDC工况图

NEDC测试包含了两个主要环节，分别模拟城市和市郊的驾驶工况。城市驾驶工况由4次ECE–15（城市驾驶周期）循环单元组成，该循环单元在994.03 m的理论距离上以195 s结束，在这195 s内测试车辆在台架上依照规定时间和加速度模拟由静止加速至10 km/h、30 km/h、50 km/h，匀速行驶一段时间后减速或刹停等一系列工况，随后这个过程要反复进行四次，共计 780 s，平均车速为 18.35 km/h。随后开始市郊驾驶工况的测试，车子模拟一段从静止加速至 60 km/h，此后均匀加减速，分别由 50 km/h、60 km/h、100 km/h 和 120 km/h 匀速行驶一段时间的工况，共计 400 s，平均车速为 62.6 km/h，一次循环后即计算市郊/能耗情况。

任务二 新能源汽车动力电池试验

知识目标

1. 掌握动力电池试验的目的。
2. 掌握动力电池的试验方法。

素养目标

1. 正确使用动力电池试验设备，牢固树立安全意识。
2. 培养爱岗敬业的职业素养。
3. 树立团队协作意识。

任务导入

某型号纯电动汽车充电过程中电池起火，烧坏多个充电桩，事故引起了社会各界的高度关注。动力电池的安全问题一直是行业发展的重中之重。现阶段的动力电池安全标准是于 2020 年 5 月 12 日发布的 GB 38031—2020《电动汽车用动力蓄电池安全要求》，要求规定，制造厂商须对动力电池进行安全试验。你知道动力电池的试验项目有哪些？怎样进行相关试验测试？

理论知识

目前，国内新能源汽车行业迅速发展，技术日新月异，电池相关的性能及安全性要求也在不断提高。通过对电池部件进行相关测试可以更好地了解电池性能，降低安全风险，提升电池产品的质量，提升消费者对新能源汽车的市场认可度，助力新能源汽车行业稳健发展。动力电池作为新能源汽车的“心脏”，占整车成本的 30%～40%，其性能的好坏直接影响车辆的续航和安全性。为全面评价动力电池的性能，需要从电池性能、环境可靠性及安全性等方面进行验证，确保动力电池的续航和安全性符合标准要求。

纯电动汽车和混合动力汽车都有动力蓄电池，这些新能源汽车的动力电池主要有磷酸铁锂、三元锂电池和镍氢电池三类，需要对单体电池、电池包或系统进行相关试验，以满足国家相关要求。汽车动力电池性能试验项目主要分为电性能和安全性两类，通常包括过充、过放、短路、跌落、挤压、温度循环、低气压、加热、浸水、针刺等，测试的目的是模拟电池在实际使用中可能遇到的各种极端条件，以确保电池的安全性和可靠性。

一、过充

过充测试的目的是评估电池在被过度充电时的安全性，检验电池的耐压能力。其中，正极是控制过充失效的关键，主要风险在于正极引发的热失控和化学反应失控。

主要测试设备是动力电池测试柜、防爆箱，如图 6–10 所示。测试方法是模拟电池超出正常范围的充电，具体是将单体电池作为试验对象，先将待测电池单体进行标准充电，按制造厂商规定且不小于 113 A 电流放电至终止电压，放置 1 h，然后按制造厂商提供的方法进行充电，充电后放置 1 h；再以制造厂商规定且不小于 113 A 电流恒流充电至企业技术条件中规定的终止电压的 1.1 倍或 115%电池荷电状态；完成以上步骤后，在试验环境温度下观察试验电池 1 h。测试目标是电池不起火、不爆炸。

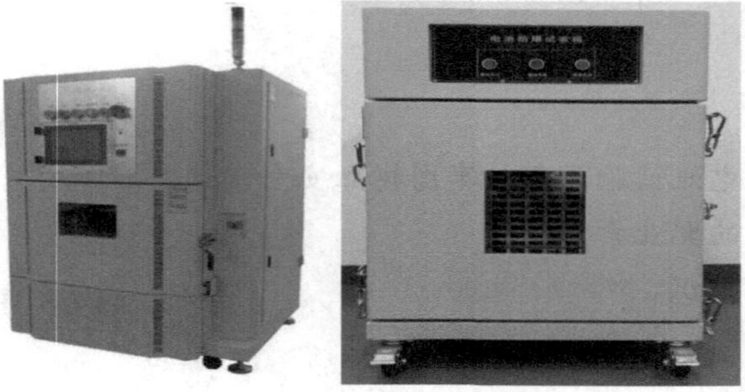

图 6–10　过充测试设备

二、过放

过放测试的目的是评估电池在被过度放电时的安全性，以及评估电池承受电流而不会达到危险情况的能力。其中，负极的化学反应失控是主要的失效原因。

过放电测试设备是动力电池测试柜，如图 6–11 所示。主要测试方法是以单体电池为试验对象，先进行标准充电，充电方法跟上述试验项目一致，然后以 111 A 电流放电 90 min，在试验环境温度下观察试验电池 1 h。测试目标是电池不起火、不爆炸。

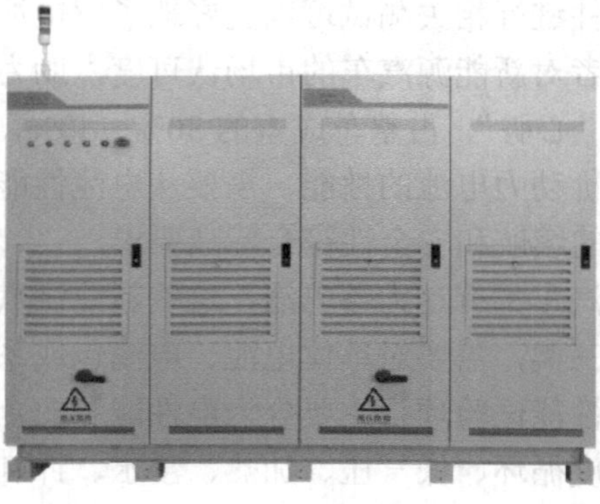

图 6–11　过放测试设备

三、短路

短路测试的目的是获得锂电池在正、负极短路时的安全表现。短路测试设备主要是短路测试机，如图 6–12 所示，该设备可以测试动力电池在一定电阻短接的情况下是否会出现爆炸起火的现象，同时通过相关仪表显示其短接的电流值。

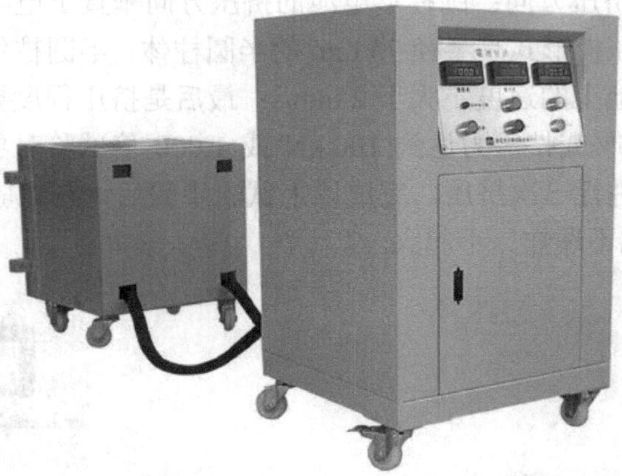

图 6–12　外部短路测试设备

该测试方法需要在特定的条件下进行，且壳体温度不超过规定的限制值。简单来说，是通过人为制造短路条件，检验电池在短路情况下的安全性能。具体是在 25 ℃的环境温度下，以电池单体为试验对象，先按上述标准进行充电，然后将电池正极端子和负极端子经外部短路 10 min，外部线路电阻应小于等于 5 mΩ。完成上述试验步骤后，记录电池短路时的电压、电流数据；在试验环境温度下观察试验电池 1 h。另外，需要注意的是短路测试有一定危险性，要用单独的实验室进行测试，并在实验室开窗观察。测试目标是电池不爆炸、不起火。

四、高温放电

高温放电测试的目的是评估电池在高温环境下的放电性能。测试设备一般是电池温度箱。试验方法通常是在环境温度 20 ℃±5 ℃的条件下，先将电池单体充电至满电状态，然后在 55 ℃±2 ℃的环境下恒温 2 h 后，以 1*C* 的电流进行放电。放电结束后，将电池取出并在环境温度 20 ℃±5 ℃的条件下搁置 2 h，观察其外观变化。测试目标是电池无变形、不起火、不爆炸。

五、低温放电

低温放电测试的目的是评估锂电池在低温环境下的放电性能。测试设备一般是电池温度箱。试验方法通常是在环境温度 20 ℃±5 ℃的条件下，先将单电池充电至满电状态，然后在 −20 ℃±2 ℃的环境下恒温 16～24 h 后，以 0.2*C* 的电流进行放电。放电结束后，将电池取出并在环境温度 20 ℃±5 ℃的条件下搁置两小时，观察其外观变化。测试目标是电池无变形、不起火、不爆炸，且放电容量不低于设计容量的 70%。

六、挤压

挤压测试的目的是评估动力电池在意外撞击、挤压等情况下的安全性能和使用寿命。测试设备主要是电池挤压试验机，如图 6–13 所示。该设备的作用是在模拟实际使用过程中，对动力电池进行挤压、变形和破裂等测试。测试方法是以单体电池或电池包为试验对象，先进行上述标准充电，明确挤压方向：圆柱形电池的挤压方向垂直于电芯极板，方形电池只对单面进行挤压；其次是挤压板形式是半径 75 mm 的半圆柱体，半圆柱体的长度大于被挤压电芯的尺寸，挤压到单体电池上的速度不大于 2 mm/s；最后是挤压程度要达到标准，电芯电压变为 0 V 或变形量达到 15%或挤压力达到 100 kN 或 1 000 倍试验对象质量后停止试验，保持 10 min。这个过程中仅进行一次挤压，完成以上试验步骤后，在试验环境温度下观察试验电池 1 h。测试目标是电池不爆炸、不起火。

图 6–13　电池挤压试验机

图 6–14　针刺试验机

七、针刺

针刺测试的目的是评估锂离子电池在内短路情况下的安全性。测试设备主要是针刺试验机，如图 6–14 所示。测试方法是在 20 ℃±5 ℃的环境条件下，先将试验电池进行上述标准充电，再将接有热电偶的电池（热电偶的触点固定在电池大表面上）置于通风橱中，用ϕ5～ϕ8 mm 的耐高温无锈蚀钢针，以 2～3 cm/s 的速度，从垂直于电芯极板的方向贯穿。测试目标是电池不爆炸、不起火。

八、跌落

跌落测试的目的是评估动力电池在运输、储存或使用过程中可能发生跌落情况下的安全性。测试设备是跌落试验机，如图 6–15 所示，该设备可以模拟电池在意外跌落时的冲击，检验其结构完整性和安全性。测试方法是先进行上述标准充电，然后将电芯端子向下，从 1.5 m

高度处自由跌落到水泥地面上，观察电池的状态。测试目标是电池不爆炸、不起火、不漏液。

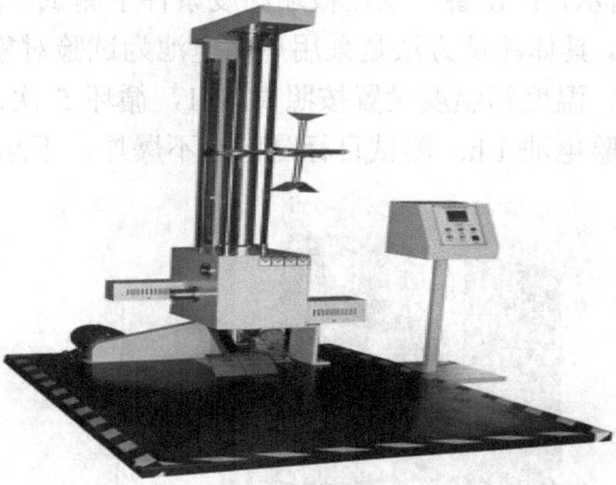

图 6-15　跌落试验机

九、加热

加热测试的目的是模拟电池在高温环境下的性能，检验其耐热性。测试设备是双层真空烤箱，如图 6-16 所示，此设备配有编程温度控制器，可实现升温总时间控制。主要测试方法是将单体电池作为试验对象，先进行上述标准充电，然后将电芯放入温度箱中，其中锂离子电池按 5 ℃/min 的速率升温 130 ℃±2 ℃，保持 30 min 后停止加热；镍氢电池按 5 ℃/min 的速率升温 85 ℃±2 ℃，保持 2 h 后停止加热，完成上述试验过程后，在试验环境温度下观察试验电池 1 h。测试目标是电池不爆炸、不起火。

图 6-16　双层真空烤箱

十、温度循环

温度循环试验的目的是通过在不同温度下对电池进行充放电，检验其温度适应性和稳定性，以便优化电池设计和制造工艺，提高电池的性能和可靠性。测试设备主要是电池防爆高低温试验箱，如图 6–17 所示，该设备可以在极端温度条件下测试电池的性能，以保证电池在各种环境温度下的可靠性。具体测试方法是采用单体电池为试验对象，先进行上述标准充电，将试验对象放入温度箱中，温度箱温度设置按照表 6–1，循环 5 次，完成以上试验步骤后，在试验环境温度下观察试验电池 1 h。测试目标是电池不爆炸、不起火。

图 6–17　电池防爆高低温试验箱

表 6–1　温度箱温度设置（一个循环的温度和时间）

温度 ℃	时间增量 min	累计时间 min	温度变化率 ℃/min
25	0	0	0
−40	60	60	13/12
−40	90	150	0
25	60	210	13/12
85	90	300	2/3
85	110	410	0
25	70	480	6/7

十一、浸水

浸水测试的目的是评估电池在盐水中使用的防水性能和安全性能。测试设备是盐浴池，如图 6–18 所示。测试方法是能够模拟出实际海水环境下的情况，按照相关国家标准的动力电池海水浸泡时间、温度、浸泡深度等条件进行，具体是在电池充满电的情况下，试验对象以实车装配方向置于 3.5%（质量分数）氯化钠溶液（即盐水）中 2 h，水深要足以淹没试验对象，将电池取出水面，在试验环境温度下静置观察 2 h；并在浸泡后进行进水检查，包括箱体内、接插件、维修开关处；还有电池容量、内阻、循环寿命等浸泡后可能发生变化的性能指标，以及一些安全性评估，包括短路、过充、过放等安全性能指标。测试目标是电池不爆炸、不起火，同时气密性、绝缘性以及防水性能良好。

图 6-18　盐浴池

十二、低气压

低气压测试的目的是评估电池在高海拔或高空环境下的性能和安全性。此项测试可以模拟飞机、火箭等载具的高海拔环境，以及高山地区的气压变化。测试设备主要是低气压试验箱，如图 6-19 所示。此设备可模拟电池高海拔或低压环境，检验电池在极端环境下的性能。测试方法是将电芯放入低气压箱中，调节试验箱中气压为 61.2 kPa，模拟海拔高度为 4 000 m 的试验，所有被测样品均在低压状态下测试，温度为室温，静置 5 h；静置结束后，保持上述试验条件按制造厂商规定参数将电池放电至终止条件，完成以上步骤后，在试验环境温度下观察试验电池 2 h。测试目标是电池不爆炸、不起火。

图 6-19　低气压试验箱

十三、机械振动与冲击

机械振动与冲击测试的目的是评估电池的抗冲击性能和耐久性能，以及确定电池是否符合相关标准和要求，从而提高产品质量和安全性。测试设备主要有振动试验台、控制仪、夹具和数据采集分析系统等，如图 6–20 所示，此设备用来模拟电池在实际使用过程中可能遇到的颠簸路况，试验过程中的振动程度比实际路况要强烈。

图 6–20　振动试验台

测试方法是以 SOC 不低于 50%的电池包为试验对象，模拟日常用车过程中的颠簸，动力电池产生的振动可能会引发质量不过关的电池产品固定不良、零部件松动，甚至外壳破裂最后引发安全事故等情况。通常采用振动试验台来模拟电池包在实际使用过程中可能遇到的颠簸路况，环境温度箱用来提供不同的温度环境，充放电机则用来模拟实际充放电的工作情况。这三部分组成了带温度带负载的振动测试系统，能够真实模拟实车使用时的情景，也可以模拟出汽车行驶数十万公里的行车疲劳情况。

其中，机械振动测试过程是将试验对象安装固定在振动台上，对每个方向分别施加标准的随机和定频振动载荷，一般加载顺序为 z 轴随机、z 轴定频，y 轴随机、y 轴定频，x 轴随机、x 轴定频（x 轴方向为汽车行驶方向，y 轴在水平方向上垂直于 x 轴方向），试验过程中，时刻监测动力电池内部最小单体的参数变化，完成试验步骤后，在试验环境温度下观察 2 h。测试目标是电池无泄漏、无外壳破裂、连接可靠、绝缘电阻不小于 100 Ω/V、不爆炸、不起火。

机械冲击的试验过程与机械振动类似，在加载上只需给 $\pm z$ 方向上施加标准的半正弦冲击波，$\pm z$ 方向各 6 次，共计 12 次，按方向和次数施加完成后，就可以在试验环境温度下观察 2 h。测试目标是电池无泄漏、无外壳破裂、绝缘电阻不小于 100 Ω/V、不爆炸、不起火。

除以上试验外，动力电池还需进行模拟碰撞、湿热循环、热稳定性、电池包温度冲击、盐雾等试验，以及提升热扩散要求测试、完善热扩散测试、增加底部撞击测试及快充循环后测试等。动力电池的试验项目非常多，而且这些试验项目随着电池技术的快速进步而变化。通过电池测试可以提高动力电池安全性，避免电池因发生热失控而引起的着火、爆炸等严重事故。

知识拓展

电动汽车安全与功能国家标准

针对电动汽车动力电池的安全性能和功能试验，我国已经制定了一系列国家标准。这些标准规定了动力电池的性能、安全、耐久性等与试验相关的具体要求，确保了动力电池的良好性能和安全使用。下面列举一些目前已经执行的电动汽车动力电池国家标准：

GB 38031–2020《电动汽车用动力蓄电池安全要求》

此标准重点强化了电池系统热安全，特别增加了电池系统热扩散试验，要求电池单体发生热失控后，电池系统在发生危险前 5 min，应提供一个热事件报警信号，为乘员预留安全逃生时间。

GB 18384—2020《电动汽车安全要求》

GB/T 31484—2015《电动汽车用动力蓄电池循环寿命要求及试验方法》

GB/T 31486—2024《电动汽车用动力蓄电池电性能要求及试验方法》

GB/T 31467—2023《电动汽车用锂离子动力电池包和系统电性能试验方法》

GB/T 31498—2021《电动汽车碰撞后安全要求》

GB/T 38661—2020《电动汽车用电池管理系统技术条件》

GB/T 31466—2015《电动汽车高压系统电压等级》

单元测试

一、填空题

1. 动力电池包通常是由若干____________、__________、____________、____________组合在一起，形成一个整体单元。

2. SOC 的检测方法有__________、__________和__________三种。

3. 电池容量检测的通用流程为________→________→________→________→________。

4. ____________用于评估电池在被过度放电时的安全性。

5. ____________用于评估电池在高温环境下的放电性能。

6. 电池检测合格的标准是电池在经过 500 次循环后，剩余容量不低于首次放电容量的____________。

7. 汽车动力电池性能试验项目主要分为__________和__________两类。

8. 过充测试的主要风险在于正极引发的__________和__________。

二、简答题

1. 什么是电池的一致性？电池的不一致性会带来哪些问题？

2. 简述电池内阻的测量原理。

三、课程思政讨论

电池在出厂前要经过多重检测，以保证产品合格。实践也是检验理论正确与否的唯一标准，课堂所学理论知识要能够在工作实践中加以应用。反之，工作实践也能推动理论发展，理论与实践相互结合才能够不断提高自身能力。

结合在校学习经历谈谈理论和实践相结合的重要性。

参考答案：

一、填空题

1. 电芯或模组　热管理系统　电池管理系统　电气系统及结构件
2. 开路电压法　安时积分法　内阻法
3. 放电阶段　搁置阶段　充电阶段　搁置阶段　放电阶段
4. 过放测试
5. 高温放电测试
6. 90%
7. 电性能　安全性
8. 热失控　化学反应失控

二、简答题

1. 电池一致性指的是电池组中各个单体电池在性能参数上的一致程度，包括电压、容量、内阻等方面的差异程度。电池一致性问题主要源于生产过程中的工艺差异和使用过程中的性能差异，随着电池使用时间的增加，电池一致性问题更为突出，这些问题不仅使电池组的实际放电容量降低，影响设备的功率输出和续航时间，严重时还有可能发生热失控问题，导致故障的发生，因此电池一致性的检测与评价非常必要。

2. 动力电池常用的内阻检测工具是动力电池内阻测量仪。测量原理是通过检测电池不同负载下电压降和电流的关系换算出内阻，内阻的大小可以用来判断电池的健康状况。

三、课程思政讨论

略。

项目七

动力电池生产与制造

任务一　锂电池制造流程概述

知识目标

1. 了解锂电池生产的基本工艺流程。
2. 掌握锂电池生产的三个阶段的目的。

素养目标

1. 养成安全生产习惯，树立绿色环保发展理念。
2. 培养良好的工作态度，增强责任感。

任务导入

锂电池的生产制造是典型的多工序、高精度的流程，本节将从锂电池生产的三个典型阶段进行介绍。

理论知识

锂电池的生产分为三个阶段，分别是前段工序、中段工序和后段工序，如图 7–1 所示。其中，前段工序是极片制作，主要包括制浆搅拌、涂布、辊压、分切和制片；中段工序是电芯制作，主要有卷绕、叠片、焊接、烘干、注液和封口等工序；后段工序是电池组装。

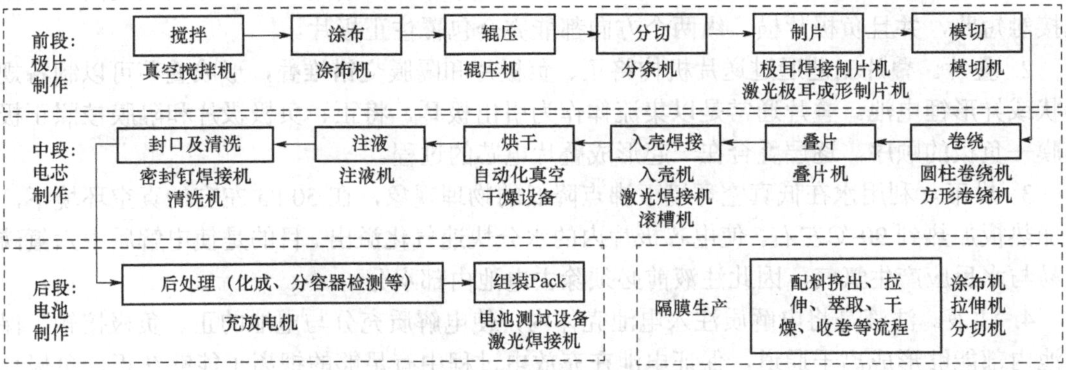

图 7–1　锂电池生产工艺流程图

一、前段工序

前段工序的目标是完成锂电池的正、负极片的制造。

1. 制浆搅拌。制浆搅拌是将正、负极固态电池材料混合均匀后加入溶剂搅拌成浆状。浆料搅拌是前段工序的始点，是完成后续涂布、辊压等工艺的前序基础。

锂电池的浆料分为正极浆料和负极浆料，将活性物质、导电炭、增稠剂、黏结剂、添加剂、溶剂等按比例投入搅拌机中，通过搅拌实现分散均匀的固液悬浮状浆料以利于涂布。

高质量的搅拌是后续工艺高质量完成的基础，会直接或间接影响电池的安全性能和电化学性能。

2. 涂布。涂布是将正极活性物质和负极材料分别涂覆在铝箔和铜箔上，并结合导电剂和黏结剂形成电极片。然后通过烘箱干燥除去溶剂，使固体物质粘接在基材上，制成正极和负极极片卷。

作为前段工序的核心环节，涂布工序的执行质量深刻影响着成品电池的一致性、安全性、寿命周期。

3. 辊压。通过辊压将涂布后的极片进一步压实，使活性物质与集流体接触紧密，减小电子的移动距离，降低极片的厚度，提高装填量，同时降低电池内阻提高电导率，提高电池体积利用率，从而提高电池容量。

辊压后极片的平整程度会直接影响后序分切工艺加工效果，而极片活性物质的均匀程度也会间接影响电芯性能。

4. 分切。分切是将较宽的整卷极片连续纵切成若干所需宽度的窄片。极片在分切中遭遇剪切作用断裂失效，分切后的边缘平整程度（无毛刺、无屈曲）是考查性能优劣的关键。

二、中段工序

锂电池制造的中段工序是装配段，其生产目标是完成电芯的制造。具体来说，中段工序就是将前段工序制成的（正、负）极片，与隔膜、电解质进行有序装配。

1. 卷绕。卷芯卷绕过程是将正极片、负极片和隔膜，通过卷绕机的卷针机构卷制在一起，相邻的正、负极片之间被隔膜隔绝。在这一过程，最重要的就是确保正、负极之间不发生物理接触短路，并且负极片横、纵两个方向都能完全包覆住正极片。

2. 叠片。叠片工艺通过送片机构将正、负极片和隔膜交错堆叠，形成叠芯可以制备规则形状或异形锂电池。叠片通常是以集流体作为引出极耳，将正、负极极片和隔膜按照正极—隔膜—负极的顺序，逐层叠合在一起形成叠片电芯的过程。

3. 烘干。利用水在低真空环境下沸点降低的物理现象，在 50 Pa 左右的真空环境下，通过加热板加热到 90 ℃左右，使电芯极片内的水分快速气化溢出。目的是使电解质中六氟磷酸锂易与水反应产生氢气，因此注液前必须除去电池内部水分。

4. 注液。注液是将电解质注入电池壳体内，使电解质充分与电池的正、负极接触，保证电池内部能够形成离子通道，保证电池在充放电过程中有足够的锂离子能够在正、负极片间进行迁移，实现二次电池的充放电循环。注液的关键在于控制电解质的注入时间和注入量。

三、后段工序

锂电池制造的后段工序专注于激活电芯、检测和品质判定，确保电芯达到合格状态。后段工序是锂电池生产过程中的重要环节，对于提高电池的性能和安全性至关重要。

1. 化成。电池制成后，通过一定的充放电方式将其内部正、负极活性物质激活，改善电池的充放电性能及自放电、贮存等综合性能的过程称为化成。电池经过化成后才能体现其真实的性能。同时化成过程中的分选过程能够提高电池组的一致性，使最终电池组的性能得到提高。

2. 分容。就是通过充放电设备对电池容量进行测试，通过充放电曲线和性能数据识别电池缺陷，为电池性能分级提供依据。

3. 组装。将电芯、控制板、连接线等通过电池 pack 工艺组合加工成客户所需要的电池组。

知识拓展

全球动力电池十强企业

动力电池作为新能源汽车“三电”系统的核心之一，其产量和装机量在一定程度上反映了新能源汽车市场情况。2023 年，全球新能源汽车累计销售 1 374 万辆，同比增长 36%；动力电池装机量约 707.2 GWh，同比增长 42%。

据高工产业研究院（GGII）发布的《全球动力电池装机量月度数据库》统计显示，2023 年度全球动力电池前十强企业依次为宁德时代、比亚迪、LG 新能源、松下、中创新航、三星 SDI、SK on、国轩高科、亿纬锂能、孚能科技。

一、宁德时代

宁德时代新能源科技股份有限公司总部位于福建省宁德市，成立于 2011 年。2023 年，宁德时代全球装机量 254.16 GWh，动力电池全球使用量占比约为 36.8%。为吉利、上汽、江淮、北汽福田、宇通、特斯拉等整车制造企业提供动力电池。

二、比亚迪

比亚迪股份有限公司创立于 1995 年，总部位于广东省深圳市。比亚迪公司的业务涉及汽车、电子、新能源、轨道交通等多领域。动力电池业务从采矿、材料研发、电芯生产、BMS 研发制造到电池回收利用全产业链覆盖。2023 年，比亚迪动力电池全球装机量位居第二，达到 119.85 GWh。为宝马、奔驰、福特、丰田、本田、特斯拉等整车制造企业提供动力电池。

三、LG 新能源

LG 新能源（LG Energy Solution），隶属于韩国 LG 集团。LG 新能源业务涵盖动力电池、小型电池、储能系统三大领域。LG 新能源在全球拥有超过 25 000 项专利。2023 年，LG 新能源全球装机量 90.83 GWh。为雷诺、大众、福特、丰田、特斯拉等整车制造企业提供动力电池。

四、松下

松下电器产业株式会社创建于 1918 年，动力电池只是其公司主营业务之一。松下动力电池主要业务聚集在北美地区，目前国内有松下新能源无锡、苏州生产基地。2023 年，松下全球装机量 70.63 GWh。为丰田、斯巴鲁、特斯拉等整车制造企业提供配套。

五、中创新航

中创新航于 2007 年在洛阳成立。目前，公司已建立江苏、福建、四川、湖北、安徽、广东等多个产业基地，完成全方位国内产业布局，同时已设立欧洲产业基地、泰国产业基地，大力拓展海外产业布局。2023 年，中创新航全球装机量 31.6 GWh。为蔚来、吉利、长安、奇瑞新能源等整车制造企业提供动力电池。

六、三星 SDI

三星 SDI 创立于 1970 年，于 1999 年成功研发出行业内最大容量的 1 800 mAh 圆形锂离子电池。2008 年，三星 SDI 和博世合资成立了动力电池公司 SB Limotive，进入汽车动力电池领域。2023 年，三星 SDI 全球装机量 27.01 GWh。为宝马、现代、捷豹路虎、劳斯莱斯等整车制造企业提供动力电池。

七、SK On

SK On 于 2021 年成立，是韩国 SK 集团旗下的电池制造子公司，主要业务为新能源汽车动力电池的研发和生产。SK On 于 2005 年着手混合动力汽车用锂离子电池的开发工作，2006 年开始正式生产。2023 年，SK on 全球装机量 26.97 GWh。2010 年为现代和起亚提供动力电池，2011 年为戴姆勒–AM 纯电动汽车提供动力电池。

八、国轩高科

国轩高科股份有限公司创立于 2006 年，总部位于安徽省合肥市，是中国最早自主研发生产新能源电池的企业之一。国轩高科主营磷酸铁锂材料及电芯、三元材料及电芯、动力电池组、电池管理系统及储能型电池组。2023 年，国轩高科全球装机量 16.29 GWh。为江淮、北汽、奇瑞、大众等整车制造企业提供动力电池。

九、亿纬锂能

惠州亿纬锂能股份有限公司成立于 2001 年，其动力电池全面解决方案涵盖方形三元电池、方形磷酸铁锂电池、软包三元电池、大圆柱电池、动力及储能电池系统。2023 年，亿纬锂能全球装机量 12.9 GWh。为广汽埃安、小鹏、吉利、东风等整车制造企业提供动力电池。

十、孚能科技

孚能科技成立于 2009 年，总部位于江西省赣州市。2023 年，孚能科技全球装机量 12.48 GWh。孚能科技的客户群体广泛，包括国内外众多知名整车企业。在国内，其客户包括北汽新能源、吉利、长安、广汽等。

任务二　电池零部件制造

知识目标

1. 掌握锂电池生产工艺流程。
2. 掌握锂电池生产中的核心工序。
3. 掌握锂电池各工序的工作任务和目的。

素养目标

1. 培养社会责任感。
2. 增强创新意识，培育创新精神。
3. 树立正确的职业道德观念，培育工匠精神。

任务导入

将单体电池进一步分解，我们会发现电池是由多个零部件组成的，本节将依据上一个任务中锂电池的生产流程依次介绍锂电池主要零部件的制造方法，以掌握锂电池生产过程中核心工序的工作任务和目的。

理论知识

动力电池的主要部件包括正极、负极、电解质和隔膜。

一、电极的制造

动力电池的正、负极材料有很多种类型，本任务以磷酸铁锂电池的正、负极材料的制造方法为例进行介绍。

1. 前驱体的制作

磷酸铁锂电池的前驱体主要由铁、磷和锂等元素组成。首先，将铁、磷和锂的氧化物或盐类按一定比例混合，形成前驱体的混合物。然后，将混合物进行高温还原反应，得到前驱体颗粒。这些颗粒具有良好的结构稳定性和电化学活性。

2. 正、负极活性材料的制备

电池正极前驱体制作完成后，将前驱体颗粒通过高温固相反应法或液相法等工艺，制备出具有特定形态和粒度分布的正极材料。在高温固相反应法中，前驱体颗粒在高温下进行分解和烧结，形成具有特定晶型结构的磷酸铁锂正极材料。液相法则是通过溶胶凝胶法、共沉淀法等手段，将前驱体溶液转化为磷酸铁锂正极材料。

负极材料与正极材料的制备方法类似，磷酸铁锂电池一般采用石墨作为负极活性物质，对石墨采取高温固相反应法或液相法等工艺手段，制备出符合电池要求的特定粒度和特定形态的负极材料。

3. 集流体的制造

正极集流体采用铝箔制造。为了保证集流体内部的稳定性，铝箔的纯度要求达到98%以上。无论是车用锂电池，还是便携产品所使用的锂电池，都要求尽可能降低电池的质量和体积，很多企业都将铝箔的厚度控制在8 μm。除了对铝箔的厚度进行控制外，对铝箔的表面粗糙度也有一定的要求。

铝箔的制造通常都是采用厚度较大的铝板经过多次轧制得到的，为了控制铝箔质量，在轧制过程中对轧辊的中心距、轧辊表面质量都有较高要求。在轧制铝箔时，通常需要在铝板表面使用润滑剂，以保护产品并有助于轧辊，而润滑剂对电池极片的性能会产生负面影响，故在加工后表面的除油也是一个非常重要的步骤。

磷酸铁锂电池的负极集流体采用铜箔制造，其上涂敷活性物质石墨形成电池负极。在铜箔的纯度及制造工艺等方面的要求与正极集流体基本一致。

4. 匀浆

匀浆是锂电池正极制造的重要工艺。匀浆是将黏结剂聚偏二氟乙烯（PVDF）及溶剂 NMP 制备成胶液，再加入导电剂 CNT、SP，最后将已制备的正极活性材料磷酸铁锂（$LiFePO_4$）加入，均匀混合后形成浆料，涂敷在正极集流体铝箔上。浆料混合的均匀性对电池的一致性具有重要影响，因此活性物质、黏结剂、溶剂及导电剂是否均匀混合在一定程度上决定了电池的质量。

5. 涂布及烘干

将匀浆完成的浆料转运至中转罐中，中转罐与涂布小罐连接，通过螺杆泵使浆料具有一定压力，经过除铁过滤器、进料管到达进料阀，通过进料阀使浆料进入模头，进行涂布，多余浆料通过回流阀返回储料罐中。

完成涂布工序的一面极片进入下层烘箱干燥，出烘箱后对极片的另一面进行涂布，涂布完成后进入上层烘箱烘干，完成烘干后，收卷下料。

6. 碾压

将涂布烘干后的极片，通过碾压机将极片厚度冷压至工艺要求的厚度范围。碾压的目的是减小极片体积，提高能量密度；使活性物质导电剂接触更加紧密，提升离子电导率；增加集流体与涂层的结合强度，防止掉粉现象的发生，延长电池循环寿命，提高其安全性能。

7. 分切

将碾压完成后的极片分切成多段符合工艺要求宽度的极片，并进行收卷，为后续卷绕工序提供宽度相等的极耳。

二、电解质的制造

锂电池电解质是电池中离子传输的载体，由锂盐和有机溶剂组成。其基本要求包括高纯度、良好的离子传导性、稳定性以及与电池正负极材料的良好兼容性。电解液的制备过程包括选择合适的溶剂、锂盐和添加剂，并按一定比例混合。溶剂通常包括高纯度的有机溶剂，如碳酸乙烯酯（EC）、碳酸丙烯酯（PC）、碳酸二甲酯（DMC）、碳酸二乙酯（DEC）和碳酸甲乙酯（EMC）等。锂盐主要有六氟磷酸锂（$LiPF_6$）、二草酸硼酸锂（LiBOB）、四氟硼酸锂（$LiBF_4$）等。除此外，还需要在电解质中加入成膜添加剂、防过充添加剂、稳定添加剂、润湿添加剂、阻燃添加剂等。如图 7–2 所示。

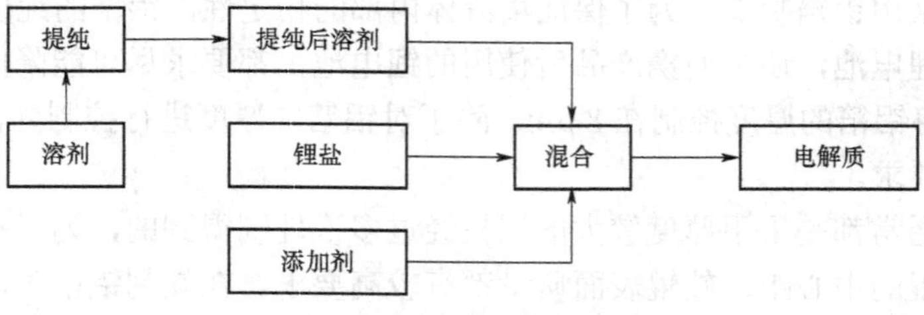

图 7–2　电解质的制造

提纯是对使用的有机溶剂进行提纯处理使其达到锂离子电池电解质使用的标准。需要检验的项目有纯度、水含量以及主要成分含量等。

三、隔膜的制造

隔膜主要用于将电池的正、负极有效分隔开，防止电池的正、负极相互接触而发生短路事故，隔膜的类型如图 7–3 所示。电池隔膜的制造方法主要有干法和湿法两种工艺。

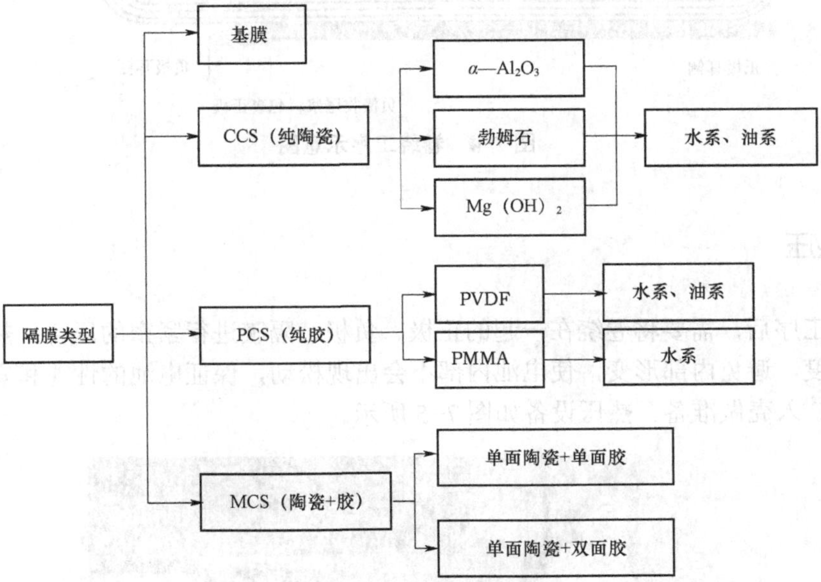

图 7–3 隔膜的类型

1. 干法

将高分子聚合物、添加剂等原料混合成均匀熔体，挤出时在拉伸应力下形成片晶结构，热处理片晶结构获得硬弹性的聚合物薄膜，之后在一定的温度下拉伸形成狭缝状微孔，热定型后制得微孔膜。这种微孔结构是连续的并且存在于整个膜的内部。干法制膜从技术上来讲是很简便的，因为它不需要溶剂。但是，单轴拉伸的方法使孔的形状看起来像撕裂的裂缝，并且其机械性能各向异性，横向耐受拉力较低。

2. 湿法

热致相分离，将成孔剂与聚烯烃树脂混合，利用熔融混合物降温过程中发生固—液相或液—液相分离，压制膜片，加热至接近熔点温度后拉伸使分子链取向一致，保温一定时间后，用易挥发溶剂（二氯甲烷、三氯乙烯）将成孔剂从薄膜中萃取出来，进而制得相互贯通的亚微米尺寸微孔膜材料。

四、卷绕

将正极、负极、隔膜卷绕在一起，达到电芯制造所要求的外形和尺寸，如图 7–4 所示。卷绕后的结构从下向上为下隔膜—负极—上隔膜—正极，隔膜外包收尾。卷绕时在卷芯纵向方向，隔离膜超出负极膜片，负极膜片超出正极膜片，防止正、负极片之间接触短路。卷绕完成后，通过收尾胶纸进行固定，防止卷芯散开，然后流转到下一工序。

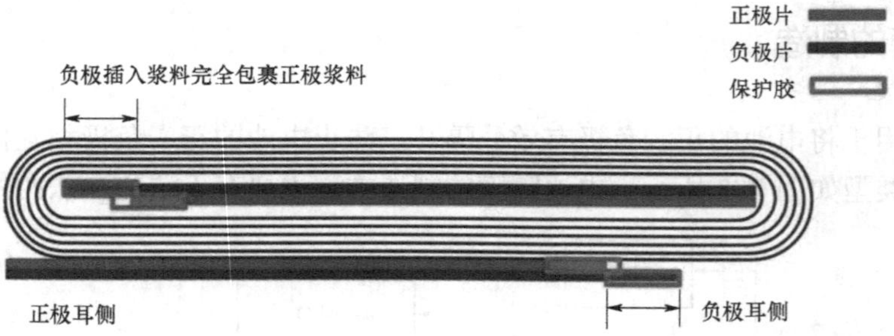

图 7-4　卷绕工序示意图

五、热压

在卷绕工序后，需要将卷绕在一起的正极、负极、隔膜进行紧密的压合。热压的目的是固定极组厚度，避免内部形变，使电池内部不会出现松动，保证电池的性能和安全性，为后序极组配对、入壳做准备。热压设备如图 7-5 所示。

图 7-5　热压机

六、极组检测

在极组经过热压工序后，需要利用 Hi-Pot、X-ray、CCD 相机等设备对极组的质量进行检测。主要的目的是在无损前提下，分析电池内部裂纹、杂质，确定极耳位置等，同时还对极组内部有无短路的情况进行检测，从而提高产品质量。

七、焊接

锂电池在制造过程中许多部位需要焊接，具体焊接方法包括：

1. 超声焊接。超声焊接主要是将电池盖板上的连接片与正、负极极耳分别进行焊接。
2. 激光焊接。使用激光焊接机将电池盖板极柱的背面与连接片进行焊接。

八、密封性测试

极组装入电池外壳后，将电池盖与壳体焊接密封，需要对其密封性进行测试，测试中需要使用氦气检漏设备。用于测试电池密封性的氦气检漏设备如图 7–6 所示。

图 7–6　氦气检漏设备

氦检是先将电池里的空气抽掉，然后注入氦气，用氦质谱检测仪探测有无氦气漏出。一方面，氦气是惰性气体，不会跟正负极材料、电解质等发生反应，所以很安全；另一方面，氦气相对分子质量较小，如果电池内部连氦气都不会泄漏，说明密封性能良好。微漏检测标准是不大于 1.0^{-5} mbar・L/s。

九、烘干

电解质中的六氟磷酸易与水反应生成氢气，因此注液前必须除去电池内部水分，以确保电池安全。电池烘干需要使用全自动接触式高真空烘烤自动线（图 7–7），设备主要由上料站、下料站、真空腔体、RGV 小车、维修站、冷却线、前末端上下料组成。烘干是利用水在低真空环境下沸点降低的物理现象，通过底部接触式加热夹具对电芯加热保温，在 50 Pa 左右的真空环境下，通过加热板加热到 90 ℃左右，工作时，真空泵对真空腔体抽真空，为电芯烘烤提供真空环境，使电芯极片内的水分快速气化溢出。

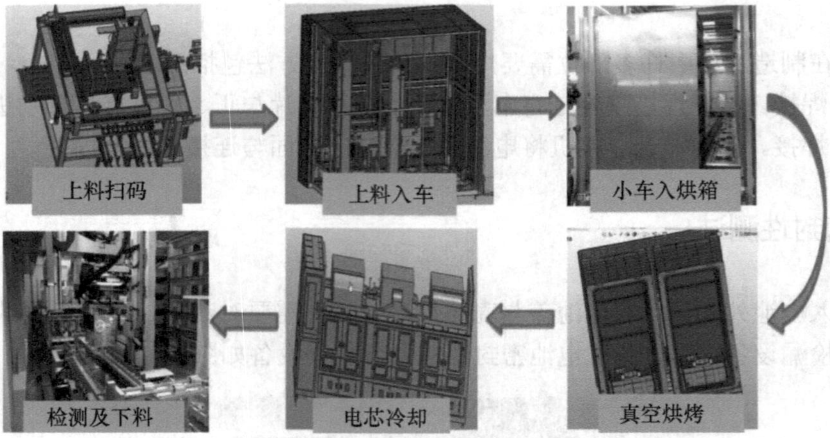

图 7-7　自动化真空烘烤线

十、注液

锂电池在工作时，锂离子会在电池的正、负极之间移动，电解质就是为锂离子的移动提供介质。在电池中加注电解质分一次注液和二次注液。

1. 一次注液

一次注液是在化成工序前完成的，目的是激活电池，为了保证电芯容量稳定，为电芯的寿命提供保障。

一次注液工艺流程：

（1）将电池放到注液机上，进行注液前称干重。

（2）采用加压、真空、常压循环方式进行一次注液。

（3）注液后常温静置 2 h，静置温度是 25 ℃±3 ℃。

2. 二次注液

二次注液是在化成工序后进行的，目的是保持电芯容量的一致性，延长电芯的使用寿命。

十一、化成

化成就是将满电态的电池在一定的温度下进行搁置。搁置过程中由于锂离子电池内部的一些副反应，会导致电池的外电压和内阻的变化。通过对电池组的电压、内阻和容量等指标进行监控，能够剔除掉那些自放电不合格和内阻不合格的电池，以提高单体电池的一致性，同时老化结果也是后续的电池组匹配的重要参考依据。为了加速电池老化，提高生产效率，厂家通常会在高温（50～60 ℃）下进行老化，以缩短电池老化时间。在化成的同时也可以在负极表面形成一层钝化层，即固体电解质界面膜（SEI 膜）。SEI 膜可防止溶剂分子的共嵌，提高负极结构的稳定性。

十二、分容

分容就是通过充放电设备对电池容量进行测试，通过充放电曲线和性能数据识别电池缺陷，为电池性能分级提供依据。自动化分容设备如图 7-8 所示。

由于在锂电池生产过程中难以完全控制材料、工艺、生产环境等因素的影响，因此同一批次生产的锂电池之间容量差别较大，如果不进行分容配组，将会导致整个电池组的使用寿命和性能出现不同步甚至不兼容的情况。因此，锂电池分容配组非常必要。

图 7-8　串联分容设备

锂电池分容配组的原理是通过对不同参数，如电压、内阻、容量等进行测试和选配，将容量相似的电池组合在一起形成电池组，从而提高电池组的总体性能和稳定性。

十三、自放电筛选

锂电池完成分容工序后，还需要对电池进行自放电筛选。将电池在恒温环境静置一段时间，在时间 t_1 时测出电池的开路电压 OCV_1，间隔一段时间后，在时间 t_2 时测出电池的开路电压 OCV_2。计算 K 值，$K=（OCV_1-OCV_2）/（t_2-t_1）$，根据 K 值，筛除自放电大的电池。

十四、包装

将经过自放电筛选后的电池进行补电，使其出厂时的 SOC 值不小于 30%。利用包膜机进行包膜，在提高电芯绝缘性能的同时使其外观更加美观。在完成包膜工序后对电芯进行打码，利用视觉传感器自动扫码并完成电池等级判定，机械手将各等级单体电池分别放至相应等级的电池托盘中，绑定电池包和托盘的条码信息。

经过以上流程，电池完成制造过程，即可作为商品进行销售。

知识拓展

锂电池与环境

锂电池广泛应用于新能源汽车、便携式电子设备、电力储能、移动通信等多领域，极大地改变了人们的生活。虽然锂电池在环保方面优于铅酸蓄电池、镍氢电池等化学电池，但是对人体健康和环境仍然具有一定的负面影响。

一、锂电池对人体健康及环境的影响

锂电池在生产过程中会对空气、水体及土壤产生危害。下面就锂电池的生产、制造过程所涉及的物质的毒性进行说明。

1. 粉尘。锂电池前驱体制作时需要将铁、磷和锂的氧化物等进行粉碎、混合，在此过程中会产生粉尘污染。在烘干工序中也会产生少量正极活性材料的粉尘。粉尘对人体的呼吸道产生刺激作用，长期吸入会导致尘肺病。

2. 聚偏二氟乙烯（PVDF）。在制造电池正极活性材料时需要加入黏结剂聚偏二氟乙烯（PVDF）。聚偏二氟乙烯作为一种持久性有机污染物，在自然环境中需要的降解周期较长，因此在大气、水体和土壤中会长期存在。当聚偏二氟乙烯进入食物链后，在动物体内逐渐聚集，导致生物体内毒素水平升高，最终可能会对人体健康产生潜在危害。在聚偏二氟乙烯的生产过程中也会产生有害物质，导致环境受到污染。

3. N−甲基吡咯烷酮（NMP）。NMP 是一种有机物，几乎能与任何溶剂完全混合，在锂电池生产中常作为正极活性材料匀浆工序的溶剂而被使用。锂电池制造过程中的匀浆、涂布、烘烤等工序都会有 NMP 气体产生，NMP 长期或高浓度接触会对人体的肝脏、肾脏及生殖系统带来危害，因此需要做好劳保防护。

4. 六氟磷酸锂（$LiPF_6$）。六氟磷酸锂常作为制作锂电池电解质的原料。六氟磷酸锂对皮肤和眼睛具有强烈腐蚀作用，当人体吸入六氟磷酸锂颗粒时会刺激呼吸道，对肺部健康产生严重影响。六氟磷酸锂进入环境中，会严重污染空气、水体和土壤，对人类和动植物的健康产生负面影响。

5. 二草酸硼酸锂（LiBOB）。二草酸硼酸锂作为新型锂盐被用于锂电池电解质的生产。二草酸硼酸锂具有强氧化性、腐蚀性、毒性。皮肤接触后会造成腐蚀，眼睛接触后会产生强烈刺激作用。如果误食或吸入，会导致气管和消化系统黏膜严重受损，对肝肾系统也存在威胁。二草酸硼酸锂在自然环境中累积后，会对水体、土壤等产生一定危害。

二、推动锂电池绿色化的措施

1. 加强劳保防护。在锂电池的生产过程中，直接接触到活性材料粉尘、NMP 气体、六氟磷酸锂、二草酸硼酸锂的劳动者需要做好必要的安全防护，如使用防尘口罩、呼吸面罩、护目镜、橡胶手套等劳保用品。

2. 加强工业排放物的环保监督。环保监督部门应做好锂电池生产企业的废气、废水、废渣的排放监管，对于工业“三废”必须进行处理且满足相关环保法规后才能允许进行排放。

3. 建立锂电池闭环产业链。对废旧锂电池进行统一回收处理，将电池分解后得到的锂、铜、铝、塑料等材料处理后继续用于电池制造。在能够有效降低污染的同时，还能够降低资源消耗。

4. 推进锂电池的梯次利用。当电池的实际容量低于额定容量的80%时，电池就不再适合在新能源汽车上使用，但是可以在备用电源、家庭储能、低速电车等场合继续使用。电池的梯次利用能够有效延长电池的使用寿命，在提升经济效益和环保效益方面都具有积极意义。

单元测试

一、填空题

1. 锂电池的生产分为三个阶段，分别是________、________和________。

2. ________的目标是完成锂电池的正、负极片的制造。

3. 涂布是将正极活性物质和负极材料分别涂覆在________和________上，并结合导电剂和黏结剂形成电极片。

4. 锂电池制造的中段工序是装配段，其生产目标是______的制造。

5. 卷芯卷绕过程是将________、________和________，通过卷绕机的卷针机构卷制在一起。

6. 极组检测的主要目的是在无损前提下，分析电池内部________、________，确定________等。

二、选择题

1. 磷酸铁锂电池的正极活性材料的前驱体不包括（　　）元素。

A. 磷　　B. 铁　　C. 锂　　D. 锰

2. 匀浆质量的好坏会直接影响到电池的（　　）

A. 一致性　　B. 电压　　C. 容量　　D. 质量

3. 烘干的目的是使电解质中六氟磷酸锂易与水反应产生（　　），因此注液前必须除去电池内部水分。

A. 氢气　　B. 氧气　　C. 二氧化碳　　D. 氢氟酸

三、简答题

1. 锂电池制造中，中段工序中注液的目的是什么？

2. 什么是化成？化成的目的是什么？

3. 电池制造工艺中热压的目的是什么？

四、课程思政讨论

2023年，中国锂电池总产量940 GWh，动力电池全球装机量占比约为63.1%，行业产值超1.4万亿元。在以锂电池、光伏发电为代表的新能源行业，中国走在世界前列，但是电池产业所带来的环境污染问题也不能忽视。

请以“产业发展与环境保护如何平衡”为话题，用发展的眼光和辩证的思维展开讨论。

参考答案：

一、填空题

1. 前段工序　中段工序　后段工序
2. 前段工序
3. 铝箔　铜箔
4. 完成电芯
5. 正极片　负极片　隔膜
6. 裂纹　杂质　极耳位置

二、选择题

1. D　2. A　3. A

三、简答题

1. 注液是将电解质注入电池壳体内，使电解质充分与电池的正、负极接触，保证电池内部能够形成离子通道，保证电池在充放电过程中有足够的锂离子能够在正、负极片间进行迁移，实现二次电池的充放电循环。

2. 电池制成后，通过一定的充放电方式将其内部正、负极活性物质激活，改善电池的充放电性能及自放电、贮存等综合性能的过程称为化成。电池经过化成后才能体现其真实的性能。同时化成过程中的分选过程能够提高电池组的一致性，使电池组的性能得到提高。

3. 热压的目的是固定极组厚度，避免内部形变，使电池内部不会出现松动，保证电池的性能和安全性，为后序极组配对、入壳做准备。

四、课程思政讨论

略。

参 考 文 献

[1] 王震坡，孙逢春，刘鹏．电动汽车原理与应用技术［M］．北京：机械工业出版社，2014．

[2] 许云，赵良红．新能源汽车动力电池及充电系统检修［M］．北京：机械工业出版社，2018．

[3] 李兆平，游志平，刘云飞．电动汽车动力电池及能量管理［M］．成都：电子科技大学出版社，2022．

[4] 张凯．动力电池管理及维护技术［M］．北京：清华大学出版社，2017．

[5] 徐艳明．电动汽车动力电池及电源管理［M］．北京：机械工业出版社，2015．

[6] 孙文革．基于比亚迪 e5 CAN 线故障分析研究［J］．汽车电器，2024（06）：87-89．

[7] 刘发军．浅谈新能源汽车动力电池均衡技术［J］．汽车维护与修理，2024（07）：66-69．

[8] 戴梦萍，纪永秋．电动汽车 CAN 通信故障检修［J］．内燃机与配件，2021（21）：154-155．

[9] 刘港，甘剑和，倪炳林．新能源汽车电池及管理系统检修［M］．成都：西南交通大学出版社．2023．

[10] 朱升高，王国涛，韩素芳．电动汽车动力电池管理系统原理与检修［M］．北京：机械工业出版社．2022．

[11] 学而为科技．2021 款大众 ID.4 CROZZ 电池模块的电压均衡方法［EB/OL］．（2023-01-10）https://mp.weixin.qq.com/s/VVdzMGhuzrFP_XSg0-Bhhg．

[12] 中华人民共和国工业和信息化部．电动汽车用动力蓄电池安全要求：GB 38031—2020 [S]．北京：中国标准出版社，2020．

[13] 中华人民共和国工业和信息化部．电动汽车用动力蓄电池电性能要求及试验方法：GB/T 31486—2024 [S]．北京：中国标准出版社，2024．

[14] 蒋鸣雷．新能源汽车动力电池结构与检修［M］．北京：机械工业出版社，2018．

[15] 解福泉，钟原，马丽．新能源汽车动力电池及管理系统检修［M］．北京：机械工业出版社，2023．

[16] 电子发烧友．［EB/OL］.https://www.elecfans.com．

[17] 比亚迪 e5 维修手册［Z］．2016．

[18] 大众 ID.4 维修手册［Z］．2020．

[19] 我国科学家取得全固态锂电池研究新突破［EB/OL］．https://news.cctv.com/2024/08/01/ARTIvIwioeYn2VCM2tEpXKv7240731.shtml．

[20] 马德粮．新能源汽车技术［M］．2 版．北京：清华大学出版社，2020．

［21］ 曾鑫，刘涛．新能源汽车动力电池与驱动电机［M］．北京：人民交通出版社股份有限公司，2017．
［22］ 麻友良．新能源汽车动力电池技术［M］．北京：北京大学出版社，2016．
［23］ 王浩．电工学［M］．2 版．北京：中国电力出版社，2009．
［24］ 王瑞红．动力电池应用技术及其关键材料［M］．哈尔滨：黑龙江大学出版社，2018．